Stories of Butterflies

BUTTERFLIES

U0332911

陈锡昌 刘广 杨骏 著

SPM
南方出版传媒
新世纪出版社

·广州·

图书在版编目（CIP）数据

蝴蝶故事 / 陈锡昌，刘广，杨骏
著 . —广州：新世纪出版社，2015.7
（2017.6 重印）
（自然观察）
ISBN 978 - 7 - 5405 - 8990 - 5

Ⅰ.①蝴… Ⅱ.①陈…②刘…③杨… Ⅲ.①
蝶 – 少儿读物 Ⅳ.① Q964–49

中国版本图书馆 CIP 数据核字（2015）
第 077294 号

出 版 人：孙泽军
策划编辑：王　清　秦文剑
责任编辑：秦文剑　梁淑娴
责任技编：许泽璇
设　　计：骆爱兰 Design Studio

出版发行：新世纪出版社
（广州市大沙头四马路 10 号）
经　销：全国新华书店
印　刷：东莞市信誉印刷有限公司
规　格：889mm×1400mm
开　本：16 开
印　张：13.5
字　数：150 千
版　次：2015 年 7 月第 1 版
印　次：2017 年 6 月第 7 次印刷
定　价：26.00 元

质量监督电话：020-83797655
购书咨询电话：020-83781537

BUTTERFLIES

序　言

　　每一种蝴蝶都有自己的故事，它们的故事你又了解多少呢？对于蝴蝶这样的小生灵，大多数的人都只知道蝴蝶很漂亮、很美丽，但关于蝴蝶的一生，蝴蝶是怎样成长的，蝴蝶有哪些行为习性……相信大多数人都很少去关注，蝴蝶的故事更是没有多少人去探索。其实，一只蝴蝶是从一粒产下的卵开始的，在它的一生中，要经历不能飞、样子"丑陋"的幼虫期，还要经过多次的蜕皮成长，再变为一个完全不一样的不吃不动的蝶蛹，然后经历长短不一的蛹期，最终才能羽化为美丽的成虫（蝴蝶）。这当中的经历可谓九死一生，很多幼虫还没成长为蝴蝶，就已经被天敌吃掉，被姬蜂、小蜂、寄蝇等天敌寄生，只有那些逃过了"九九八十一难"的幼虫，才有机会羽化为成虫。

BUTTERFLIES

　　如果你喜欢蝴蝶，关注蝴蝶，请你用心去观察它们，了解它们的成长发育，你就会发现其实每一种蝴蝶，都有着它们自己独特的故事。《蝴蝶故事》这本书，就是把一些我们观察到的蝴蝶故事记录下来，让各位小读者们通过这本书，去了解每一种蝴蝶的故事。我们的目的就是要抛砖引玉，让更多的小读者们喜欢蝴蝶，进而关注蝴蝶，让我们一起行动起来，去观察了解更多不同种类的蝴蝶和它们各自独特的故事，让更多的人对蝴蝶有更加深入的认识和思考。

陈锡昌

2015 年春

目 录

访花的蝴蝶

吸水的蝴蝶

吸树汁的蝴蝶

林下的蝴蝶

嗜臭的蝴蝶

访花的蝴蝶

从早春到深秋，
人们总能在花丛上
看到不同种类的蝴蝶，
相信大多数的人对蝴蝶的认识，
应该是在花丛上开始的吧！
的确，有不少的蝶种喜欢访花吸蜜，
它们主要是凤蝶科、粉蝶科、斑蝶科、
灰蝶科、弄蝶科和少部分蛱蝶科的蝶种，
它们和鲜花共同组成了一道亮丽的风景线。
因此，山间地头的花丛，
也是人们最容易见到蝴蝶的地方。

华夏之最

——金裳凤蝶

拉丁学名：*Troides aeacus*
(C.& R. Felder)

习　　性：访花，飞行缓慢，
一年多代

分　　布：陕西以南各省区，
东南亚各国

　　如果你喜欢蝴蝶，相信你也非常希望了解蝴蝶当中哪一种是全球最大的，哪一种又是全国最大的吧？全球最大的蝴蝶名叫亚历山大巨凤蝶（*Ornithoptera alexandrae*），它们的雌蝶两翅展开可达 280 毫米，可惜这种全球最大的凤蝶只分布在新几内亚，我国并没有分布。而我国最大的蝴蝶则是金裳凤蝶，这种蝴蝶的雌蝶两翅展开也可以达到 160 毫米，它们飞翔在空中时就像一只小鸟在展翅翱翔。

　　金裳凤蝶那黑色天鹅绒般的前翅窄而长，

雄蝶后翅基本为金黄色，外缘各室均有黑色三角斑，它们在阳光下缓慢飞舞时更显得金光闪耀，雌蝶后翅的黄色区域亚外缘更有多一列黑色卵形斑。雌雄两性极容易区别。1989年的夏天，我们师生一行在龙洞考察时，遇到了一对正在交尾的金裳凤蝶，雌蝶停在植物的叶子下，雄蝶则倒挂在雌蝶的下面。突然，一个同学向停着的两只金裳凤蝶扔去了一块小石头，惊扰了它们。这时，从没见过的一幕场景出现了：开始时，雌蝶在上面飞，雄蝶悬挂在下方，但很快雄蝶就反过身子来，腹面朝天地配合着雌蝶，在它下面同步扇动着双翅向前方飞行，力求尽快地逃离这个让它们感到危险的地方。这样的场景，我们也是头一回见到，以前在蝴蝶当中从没见过。

裳凤蝶

　　金裳凤蝶的卵为橙红色圆球形，直径可达2毫米，是目前国内已知的直径最大的蝶卵之一。它们的寄主是有毒的多种马兜铃。蝶卵经过约5天后，就会孵化出体长约5毫米、身被刚毛的小幼虫。渐渐地，幼虫一天天长大，它们退去身上的刚毛，变成了身上长

着软肉棘的大幼虫。当第五次蜕皮完成后，它们会蜕变成绿色或黄褐色、腹部背面具有棘刺的缢蛹。蝶蛹再经过约半个月时间后，就会羽化出新一代的成虫，它们会在山野间翩翩起舞，继续繁衍它们的后代种群。

在我国，与金裳凤蝶形态相似，体形相近的还有另外两个蝶种，裳凤蝶和荧光裳凤蝶，后者只分布于我国台湾的兰屿，这种荧光裳凤蝶在不同的角度下后翅会展现出不同的幻彩，非常华丽。而裳凤蝶则分布于北回归线以南的地域，它们与金裳凤蝶极为相似，但雄蝶近臀角处没有金裳凤蝶的灰黑色晕斑，这是它们与金裳凤蝶最明显的区别特征。

（陈锡昌）

观察思考

金裳凤蝶那耀眼的金黄色及红色很容易就被天敌所发现，它们为什么不惧怕被发现呢？

我国特有

——宽尾凤蝶

拉丁学名：*Agehana elwesi*
（Leech）

习　　性：访花，吸水，飞行
　　　　　缓慢，一年两代

分　　布：长江以南各省区，
　　　　　我国特有

有那么一种最特别的凤蝶，只要你看它一眼，你就会马上感觉到它的与众不同。不同的地方在哪里呢？大家注意到这种凤蝶的尾突了吗？它的尾突特别宽阔，同时伸入了两条翅脉，这样特别的形态只有宽尾凤蝶属的两个蝶种才具备，这在全球蝴蝶当中也是绝无仅有的。

宽尾凤蝶的飞行姿态很优雅。雄蝶喜欢在山顶上空盘旋，并在山顶占据一块地盘，等候过路的雌蝶。但当两只雄蝶在空中相遇时，情况又会有所不同了，为了驱赶对方，它们会相互缠绕，螺旋式地向上爬升，直至变成空中肉眼几乎看不到的两个小黑点。一段时间后，两个小黑点会渐渐变大，它们急速地向下坠落，当快要接近山顶植被时，它们会沿着抛物线的轨迹各自向相反的方向分离飞行，最后返回各自的地盘，停栖在树梢上。这简直就像是在上演一场极为精彩的特技飞行表演，让人叹为观止。

宽尾凤蝶的雌蝶会在樟科的檫树和木兰科的马褂木叶子正面中脉近基部约 5 厘米的位置单独产下一粒绿色、直径近 2 毫米的球形卵。卵在四至五天后开始孵化出长有众多刚毛的黄褐色小幼虫，小幼虫喜欢吃檫树和马褂木那些较嫩的叶子，经过 3~4 天后，它们会蜕皮演变成不再长毛刺、表面光滑的幼虫。这些像鸟粪一样的小幼虫一天一天地长大，它们经过数次蜕皮后，最后成长为身体呈绿色、胸部具有两只蛇头状假眼斑的终龄幼虫。当它们成熟后，便会不惧长途爬行的危险而来到地上，在找到安静的石缝或树干后，开始吐丝固定自己，24小时后，它们开始蜕皮化蛹。宽尾凤蝶的蛹形态很不一般，它们是典型的拟态高手，它们的蝶蛹看起来就像是一条小树枝，不仔细观察还真不容易发现它们。

宽尾凤蝶属全球只有两种，除了中国大陆特有的这个蝶种外，在我国的宝岛台湾还分布有另一种台湾宽尾凤蝶。台湾宽尾凤蝶后翅中部的白斑更大，后翅外缘的红色斑也更大、更漂亮。虽然它们与大陆的宽尾凤蝶形态上有一点区别，但它们的幼虫形态完全一样，基本无从分辨，我们不难从中看出它们之间密不可分的亲缘关系，领会两地之间的紧密关系。

（陈锡昌）

观察思考

从宽尾凤蝶与台湾宽尾凤蝶那形态相似以及它们密不可分的亲缘关系中，你想到了什么？

13

模拟斑蝶

——斑凤蝶

拉丁学名：*Chilasa clytia* (Linnaeus)

习　　性：访花，飞行缓慢，一年多代

分　　布：华南、西南各省区，东南亚各国

　　每年春季 4 月，正是潺槁嫩叶飙长的时候，若是留心观察，就有机会看到嫩叶正面有表面呈酥皮状的圆球形黄色蝶卵。如果你能守候一下的话，就能见到附近会有像斑蝶一样的蝴蝶正忙碌着在潺槁嫩叶上产卵，那基本上能断定它就是斑凤蝶了。

　　在斑凤蝶活跃的季节中，成虫的数量是非常多的，你会发现有的形态仿似青斑蝶，翅面布有辐射状白条纹；有的则全身黑褐色，模拟紫斑蝶。但它们的共同特点是翅脉呈黑褐色，后翅外缘有一列黄斑。

　　如果你错过观察它的卵、成虫的时机，那它的幼虫是绝对值得一看的。大多数时候，你会发现幼虫很乖，静静地待在叶片正面。最初，幼虫的模样也与其他常见的凤蝶幼虫近似，黑乎乎的似鸟粪状。但当它长到末龄时，会变得非常张扬、有个性：全身从头到尾长有两列肉棘，体色由黑黄两色混杂，体节处还有显眼的红色圆斑。这与它所处的绿色环境很不和谐，很多时候你一眼就能看出来了，尽管它一动不动地伏在叶片正面。但不明所以的人看见后往往会吓得大叫起来。这样地彰显，往往起到了威慑的作用，使得天敌在发现它时犹豫不决，从而为它逃命争取了时间——说白了就是一种吓人的伎俩。但到了化蛹的时候，它又变得神秘兮兮起来，

隐蔽在树枝丛中。由于它吃的食物含油脂较多，化蛹之前会有拉稀粪的现象，所以你不必为它的健康担心。而它化成的蛹无论是颜色还是形态都与所在的枝条相似。我就曾试过拿着一条挂有斑凤蝶蛹的枯枝条给学生们看，学生们半晌都没有发现端倪，反问我一条树枝有什么好看的。

就是这种在荒郊野外常见的蝴蝶，在城市绿化公园中却见不到它们，尽管公园中也有潺槁树分布。其中的原因有几个：其一，城市公园中的潺槁树数量非常有限；其二，雌蝶产卵和一龄幼虫都需要极为鲜嫩的叶片，而市内的潺槁树长期处于营养不良、被污染的状态中；其三，不少蛹需要长达几个月的休眠期，而城市长期以来形成的热岛效应也不符合它们理想的生存条件。

（刘广）

观察思考

跟不少蝶种一样，斑凤蝶成虫也模拟成斑蝶的模样，这对于它们来说有什么意义吗？

全身是宝

—— 金凤蝶

拉丁学名：*Papilio machaon Linnaeus*

习　　性：访花，飞行迅速，一年多代

分　　布：全国大多数省区，亚洲、欧洲各国

如果你有机会见到江苏南京等地的居民，你可以问问他们什么是金凤蝶，相信那里的大多数人都会告诉你不知道金凤蝶是什么。但是如果你再问问他们什么是茴香虫，他们一定知道是什么，而且会告诉你可以在中药房里找到茴香虫。这究竟是怎么一回事呢？

原来茴香虫就是金凤蝶的幼虫，而且它们还是江苏南京等地居民日常生活中会用到

的一种中药材。江苏南京等地的居民会种植茴香草来饲养金凤蝶的幼虫，等到这些幼虫长大后，就把它们收集起来，放入酒中浸泡，再取出来烘干、研成粉末，就成了中药房中的茴香虫粉。当地居民认为这些金凤蝶幼虫一生都在吃茴香草，把大量茴香草的精华转化浓缩，保存在体内，所以他们要充分利用这种茴香虫，发挥它们最大的药用价值。

　　金凤蝶又名黄凤蝶，成虫全身及双翅以黄黑两色为主，在黑褐的底色上散布着许多金黄色的斑纹，后翅反面的中部还有一串蓝色斑，臀角则有一个红色的斑。它们的幼虫以伞形科的茴香草、胡萝卜、鸭儿芹等多种植物为寄主。它们的卵为直径约 1.3 毫米的黄色小圆球，刚孵化出来时是黑色多毛的小幼虫，随着幼虫一天天长大，渐渐转变为黄黑相间、体表光滑，像小老虎一般的大幼虫。最后蜕皮蜕变为绿色或黄褐色的缢蛹。十多天后这些缢蛹便开始陆续羽化出新一代的金凤蝶成虫，并开始再繁衍它们的子孙后代。

在国外，与金凤蝶亲缘关系相近的还有一些蝶种，但在国内则没有多少近亲的种类。过去的昆虫学者把国内各地不同形态的金凤蝶都归纳为同一个蝶种，只在种的分类阶元下再分出不同的亚种，但最近却有不少学者认为应该

把这些不同的亚种都升级为独立的蝶种。到底是应该作为同一个蝶种的不同亚种还是应该把它们分别升级成为独立的蝶种，如今的学者们意见并不统一，有待对蝴蝶有兴趣的你去做进一步的观察研究，希望在不久的将来能够找出更科学合理的分类方法，去确定它们蝶种的分类地位。

（陈锡昌）

观察思考

为什么会把金凤蝶的幼虫称为茴香虫？它们是否真的具有中医所说的药用价值？

城中蝶舞

—— 玉带凤蝶

拉丁学名：*Papilio polytes* Linnaeus

习　　性：访花，飞行迅速，一年多代

分　　布：长江以南各省区，东南亚各国

漫步在广州街头，我们经常会看到一种黑色的蝴蝶在枝头花旁飞舞。它不像其他蝴蝶那样留恋山林田野，而是扎根高楼林立的都市，跟随匆匆而过的都市人，舞动在道旁街角。它就是玉带凤蝶——极少数能深入大都市生活的蝴蝶。玉带凤蝶为何有这种本领呢？让我们一起来了解一下它的生活。

玉带凤蝶前后翅都是黑色的，一串白色的近圆形斑纹贯穿后翅中部，腹部对应的位置都有白斑，宛如一条玉带，玉带凤蝶因此得名。不过，部分雌性却是另外一个样子。它们没有那条玉带，后翅中部有白斑，靠近臀角处还有红斑。这种雌蝶被称为红珠型雌蝶，它与身体有毒的红珠凤蝶在外形上很像，捕食者不会捕食它，它借此逃避敌害，繁殖后代。它的幼虫以芸香科的多种植物为食，包括大家熟悉的柑橘、橙、柚子等。大家知道，南方人习惯在春节时摆放年橘，不少家庭会将春节剩余的年橘作为绿化植物栽种在阳台、屋旁。玉带凤蝶因此有了充足的食物，自然乐意在这样的城市中生活。

　　玉带凤蝶会把卵产在寄主植物的芽或嫩叶上。卵是黄色的，圆球形，直径0.8毫米左右。3～5天后卵就会孵化，幼虫咬破卵壳钻出来一会儿后便回身将卵壳吃得干干净净。刚孵化的幼虫称为一龄幼虫，体长不过2毫米，身体黑黑的，上面长有不少短短的硬毛。一龄幼虫长到5毫米左右，就会蜕皮进入二龄。从一龄进入二龄，幼虫体表的毛消失了，颜色变浅，并会出现不规则的灰色和白色斑纹。远看上去，就像一点鸟粪粘在叶子上。它就是利用这样的障眼法来躲避敌害的。二龄幼虫经历两次蜕皮

后，就长到四龄。体长 25 毫米左右。四龄幼虫蜕皮后进入五龄，这是它幼虫期的最后一龄，也称为终龄。此时幼虫变成翠绿色，仅剩身体后部保留一些灰白花纹。终龄幼虫的食量很大，超过整个幼虫期食量的 80%，它身体也明显增大，可达 40 毫米以上。如果摄取了足够的营养，终龄幼虫就会找一处隐蔽的枝条，蜕皮化蛹。蛹有绿色的，也有褐色的，无一不能很好地融入环境，让捕食者难以察觉。经过 7 天左右不吃不动的蛹期，玉带凤蝶便会破蛹，羽化成蝶。如果气候适宜，从卵到成虫的变化可以在 20 天内完成，比其他凤蝶快多了。

玉带凤蝶在广州几乎全年可见，这得益于它的幼虫期相对较短和能取食多种柑橘类植物等的超强适应能力。这使它成为少数几种能在城市中心繁衍生息的蝴蝶。

(杨骏)

观察思考

你家的阳台有没有玉带凤蝶到访过？它们有没有在你家阳台的橘子盆栽上留下卵和幼虫？

列车乘客

——丝带凤蝶

拉丁学名： *Sericinus montelus*
Gray

习　　性：访花，飞行缓慢，
一年多代

分　　布：湖南以北各省，
朝鲜、日本等国

　　当看到这个标题的时候，你可能会问丝带
凤蝶什么时候成列车乘客了？请别着急，下面
就来告诉你事情的始末。

　　丝带凤蝶应该说是一种分布靠北的蝶种，
它们主要生活在长江流域到我国东北的广大地
区，并不生活在广东这个南方省区。但在 20
世纪 80 年代末，却发生了一件匪夷所思的事：
一天，广州荔湾区少年宫的林老

师打电话告诉我，他那读小学的儿子在他们少年宫的门口用中午吃饭的饭盒扣下了一只丝带凤蝶的雌蝶。我觉得这就奇怪了，这种本来只生活在北方的蝴蝶怎么会活生生地出现在广州这个南方大都市里呢？随后与林老师对他们少年宫及附近地区进行了调查，并没有发现它们的寄主。我们分析推理后认为，最大的可能就是这荔湾区少年宫地处广州铁路南站附近，而广州铁路南站每天都会有大量从全国各地运输过来的货物，这只突如其来的丝带凤蝶应该是在幼虫末期跑到装有货物的包装上化蛹，随货物一起被运到广州铁路南站的，在到达广州后便羽化出成虫并飞到了荔湾区少年宫门口⋯⋯

丝带凤蝶以其修长的尾突深得蝴蝶爱好者的青睐。雄蝶那乳白色的双翅再配上黑红两色的斑点更显清雅脱俗，而雌蝶的双翅则密布着深褐色的斑纹，与雄蝶差异极大。它们的飞行比较缓慢，动作很轻柔，仿佛是飘在空中的一片轻纱，看起来别有一番韵味。

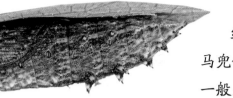

　　丝带凤蝶的寄主为马兜铃科的北马兜铃，一般生长在山野田边，冬季到来时，地上的部分就会枯萎，只剩下地里的地下茎还存活，到来年春天才重新发芽长叶。丝带凤蝶的雌蝶会在寄主的一片新叶上产下数十个黄色的球形小卵。幼虫刚孵化出来时为黄色，身上只有稀疏的小棘角，长大后则变成黑褐色，并长有许多较长的肉棘，当它们最后一次蜕皮化蛹后，便成了浅灰褐色、形态近似于枯枝一样的缢蛹。这些蛹再经过约半个月的时间发育后，才开始羽化出下一代的成虫。而在我国的北方地区，它们则以蛹进入冬眠，度过漫长的冬季，直至来年春天再开始羽化出新一代的成虫。

（陈锡昌）

观察思考

　　为什么丝带凤蝶不适宜在广东这个南方省区生活？它们对生存条件有什么特别的要求？

集体行动
——大翅绢粉蝶

拉丁学名: *Aporia largeteaui* (Oberthür)

习　性: 访花，飞行缓慢，一年一代

分　布: 陕西以南各省区，东南亚数国

　　有一种粉蝶，它是国内翅展最宽、幼虫期最长的蝶种，它被命名为大翅绢粉蝶。每年的4月下旬，它们的成虫就会出现在山边，那优雅曼妙的飞行姿态，在粉蝶当中独树一帜。它们慢悠悠地在空中翱翔，连拐弯时的轨迹你都可以预测得到，这在其他的蝴蝶中是非常少见的。

　　大翅绢粉蝶的雌蝶喜欢在寄主阔叶十大功劳的叶子背面产卵，它们每一次产卵都会成片产下50个以上金黄色纺锤形的蝶卵，这些蝶卵在经过4~5天后开始陆续孵化出一批金黄色、半透明，长3毫米多的小幼虫。
它们会聚集在一起行动、一起进食、一起休息，
甚至连蜕皮都会一起进行。它们栖息时会围成
椭圆的一圈，一旦遇到天敌，它们便会统一行动，
就好像有谁在发号施令一样，它们会集体同时
抬起头部，像一只更大的动物在行动，以此吓
退那些体形较小的天敌。

　　经过三次的蜕皮后，幼虫的体色也会由黄
变褐。阔叶十大功劳隶属于小檗科，它的叶子
比较坚硬，但大翅绢粉蝶的幼虫虽然很细小，
却不惧叶子的坚硬，它们只吃叶子一面的叶肉，
吃完了一面再转过去吃另一面，最后把叶子吃
到只剩下一片网状的叶脉。再大一点时，它们
便开始从叶子边缘一点一点地啃食，虽然坚硬
的叶子并不容易消化。它们从5月初生长至第
二年的3月中下旬，经过长达十个多月的进食
发育，体长由近4毫米渐渐长大到近60毫米，
经过第十次的吐丝蜕皮，终于化蛹。接着在阔
叶十大功劳的叶子底下化成一个个黄色并散布

大龄幼虫

27

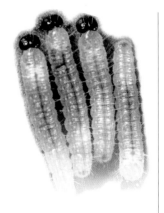

小龄幼虫

有黑点的缢蛹，再经过近一个月蛹期，直至 4 月下旬，才开始羽化出新一代的成虫，继续繁衍它们的下一代。

绢粉蝶属在华南仅有大翅绢粉蝶这一个蝶种，但在我国北方到西南高海拔的高寒山地，还分布有多个不同种类的绢粉蝶。就体形而言，它们都比不上大翅绢粉蝶，它们与大翅绢粉蝶有许多相似的地方，但又各具特色，共同组成了绢粉蝶属这个大家族。另外，在耐寒能力上，它们比大翅绢粉蝶具有更大的优势，因此它们能够生活在我国更寒冷的北方和高海拔的寒冷山地。

（陈锡昌）

观察思考

大翅绢粉蝶为什么生长期特别长？群栖的幼虫给它们带来怎样的生存优势？

危如累卵

——艳妇斑粉蝶

拉丁学名：*Delias belladonna*
(Fabricius)

习　　性：访花，吸水，飞行缓慢，
一年两代

分　　布：华东、华南、西南各省区，
东南亚数国

在20世纪80年代的广州，人们不时可以在白云山，甚至偶尔还会在市区看到一种通体黑色、双翅布满黄色的较大斑块的粉蝶，但随着全球平均气温的不断上升，这种粉蝶渐渐消失在人们的视线中，它就是华南地区体形最大的斑粉蝶成员——艳妇斑粉蝶。

如今想要见到艳妇斑粉蝶，只有向北走数十千米，到达广州的从化山区才有可能。艳妇斑粉蝶的色彩不算特别艳丽，它们的身体呈黑

29

色，双翅也基本以黑色为主，但在这黑色的双翅上，散布着许多黄色的较大型斑块，就像是一位穿着花裙的贵妇站立其间一般。艳妇斑粉蝶的飞行速度并不快，它们喜欢上山顶活动，因此人们在山头上时常可以见到成群的艳妇斑粉蝶在山顶的植物上面飞舞觅食。

艳妇斑粉蝶产卵不是单粒的，而是成堆地产下，它们很多时候还会在产下的卵堆上一次一次地产下更多的卵，"危如累卵"说的大概就是这种情形吧。它们的卵为黄色半透明、纺锤形，表面有一些不算明显的纵脊，卵堆会在五天后的同一天内先后孵化出黄色半透明的小幼虫。它们的寄主是桑寄生科的苞花寄生等植物，幼虫群栖在一起，它们同时进食，同时休息，也会同时蜕皮生长，它们的体色由黄色渐渐转变为绿褐色，最后成长为体长约45毫米，全身绿褐色，身上长有许多疣突及稀疏长柔毛的成熟幼虫。随后，它们开始分散在寄主的叶子下面化蛹，蛹为绿褐色带有黄色大斑的缢蛹。当蝶蛹成熟后，它们就集体羽化为新一代的成虫。

红腋斑粉蝶

优越斑粉蝶

斑粉蝶属在热带是一个很大的家族，光是新几内亚就有多达三百多个不同的斑粉蝶种类，在我们国内也有十多种不同的斑粉蝶。它们大多数种类都有着黑、红、黄、白等数种色彩，其中大多数的种类身体和双翅都以黑色为主，飞行速度都比较缓慢。各种斑粉蝶的幼虫基本都是以各种桑寄生科、檀香科的植物为寄主，它们的幼虫都长有稀疏的长柔毛，而它们的蛹也基本都是头前方长有一个弯曲小角的缢蛹。

（陈锡昌）

观察思考

艳妇斑粉蝶为什么喜欢扎卵成堆地产下？它们幼虫的集体生活给它们的生存带来什么好处？

31

适者多变

——迁粉蝶

拉丁学名：*Catopsilia pomona*
(Fabricius)

习　　性：访花，吸水，飞行迅速，
　　　　　一年多代

分　　布：华南、西南各省区，
　　　　　东南亚各国

　　迁粉蝶算得上是大城市之中最常见的蝶种之一了，寄主的多样和形态的多变，是它能在城市之中容身的重要原因之一。每年3月至11月间，只要漫步在城市公园或郊外，就很容易观察到迁粉蝶在寄主或花丛中穿梭。说它形态多变，就是因为它的成虫具有多型性：高温季节时主要为无纹型、血斑型；低温季节时主要为银纹型，而血斑型仅是雌蝶才有。即使同型，雌雄成虫的颜色也是各不相同的。

　　迁粉蝶的寄主种类很多，常见的就有腊肠树、铁刀木、翅荚决明、黄槐决明，而这些植物在城市之中也是被广为种植的。成虫喜欢将

卵产在嫩叶上面，幼虫一孵出来就有新鲜叶片可吃。我曾亲眼见到这样的景象：高处的幼虫将所在位置的叶片吃干净后向下爬，以寻找更多食物；而低处的幼虫则相反，它们朝上爬以寻求食物。这样一来，树木的主干就成了最重要的交通线，几十条幼虫沿树干爬行，而且非常有秩序，往往是一条幼虫紧跟着另一条幼虫爬行。若找不着食物了就会再换其他地方。要是在爬行途中遇到危险，幼虫就仿佛是被放开的弹簧，蹦跳着脱离树枝，直接向地面蹿去，等到危险过去后才再爬回树上。当末龄幼虫长到老熟，就会选择在叶底或枝下化蛹，蛹的颜色也有两种，一种是绿色，另一种是黄色，颜色与它所在的环境相对应。因为迁粉蝶在野外寄主众多，而它们数量又多，容易寻找，所以在一次科技节的开幕仪式上，我们特意寻找并饲养出了大量的迁粉蝶来进行放飞。

梨花迁粉蝶与迁粉蝶近似。它的寄主与迁粉蝶也差不多，所以有的时候在叶片上找到的小龄幼虫还不好判断是哪一种类，要养大后才能识别。一般到了末龄就容易看出区别了：梨花迁粉蝶的幼虫偏向绿色，迁粉蝶的幼虫偏向橙色；梨花迁粉蝶成虫的翅膀与迁粉蝶相比增添了非常多的赭色细纹。无论是迁粉蝶，还是梨花迁粉蝶，它们都数量众多，在集群吸水或访花的时候，会带给人以美的享受。迁粉蝶或梨花迁粉蝶集群也是所在区域环境好的标志。

(刘广)

梨花迁粉蝶

观察思考

为什么迁粉蝶在高温季节以无纹型为主，而在低温季节以银纹型为主呢？

集群生活

——报喜斑粉蝶

拉丁学名：*Delias pasithoe*
(Linnaeus)

习　　性：访花，飞行缓慢，
　　　　　一年多代

分　　布：华南、西南各省区，
　　　　　东南亚多国

　　冬季并非理想的观蝶季节，即使在亚热带的广州，蝴蝶也会变得很稀少。但近些年，广州的冬季也能经常见到一种蝴蝶的身影，它就是报喜斑粉蝶。它们不仅常见而且数量还不少。为何它们能一下子大量出现呢？这和它们的生活习性密不可分。

　　报喜斑粉蝶以寄生藤或广寄生为食。由名可知，这两种植物都是靠寄生在其他植物上生活的，尤其是广寄生，经常寄生在广州城内的大树上，如木棉树、大叶榕，靠吸收树中的营养生长，令这些大树的生长受到影响。而报喜

斑粉蝶吃掉了桑寄生，反而保护了这些大树。所以蝴蝶虽然以植物为食，却并不能说明它是害虫。这不过是食物链环环相扣中的其中一环罢了。

报喜斑粉蝶会把卵产在广寄生的叶子上，不是嫩叶上，而是生长成熟的深绿色叶子上。每次可以产几十颗甚至上百颗卵。报喜斑粉蝶的卵黄色，长圆形，上面渐尖，看上去像是一排排子弹竖在叶子上。经过4~5天，卵的上部就会一起变黑，这说明幼虫的头部差不多发育成熟，可以孵化了，如果中间有未变黑的卵，说明卵未受精或胚胎发育有问题，这样的卵便不会孵化出幼虫。孵化基本是同时进行的，孵化出的幼虫也聚集在同一叶子上进食，给捕食者发出"人多势众"、不好欺负的信号。报喜斑粉蝶不仅一起孵化，还一起蜕皮长大。幼虫长大后，身体是深褐色的，上面有一圈一圈黄色的横纹，并且长着细细的长毛，这些毛和其他蝴蝶幼虫的一样，没有毒性。由于幼虫聚集在一起进食，广寄生的叶子经常会被它们吃光；吃光后，它们就会一起转移到另一株广寄生上继续吃，这样可以有

效地减轻被寄生大树的负担。报喜斑粉蝶为广州的绿化贡献了自己的力量。

报喜斑粉蝶的终龄幼虫可以长到大约 4 厘米，之后它们又开始集体行动，找地方化蛹。一般它们会在广寄生旁边的植物上化蛹。化蛹时它们不会排列得很整齐，通常是东一个西一个地悬挂在植物的枝条上。大约一周后，它们又会同时行动，一起羽化成蝶。

它们为何可以一起生长呢？科学家们发现，蝴蝶的生长是靠激素控制的，这些激素可以通过接触等方式传播给其他个体，所以聚在一起的报喜斑粉蝶可以一起生长，一起成蝶。

（杨骏）

观察思考

有人说："蝴蝶吃植物，所以会对环境造成危害。"你有不同的看法吗？

为人熟悉

——菜粉蝶

拉丁学名：*Pieris rapae*
(Linnaeus)

习　　性：访花，飞行迅速，
　　　　　一年多代

分　　布：全球

"菜粉蝶"这个名字，相信大家并不陌生吧？但是，对于这种小生命，你的了解又有多少呢？

如果节假日，你有闲暇到郊外、村边去走一走、看一看，你一定有机会看到一种全身白色，前翅顶角有三角形的大黑斑，前翅中部及后缘中部各有一个黑斑，翅基部散布灰黑色晕斑，飞行姿态摇晃跳跃而速度并不快的蝴蝶。这就是人们所熟悉的菜粉蝶。那么，对于菜粉蝶，你还知道什么呢？

菜粉蝶在菜田间飞舞，是为了繁殖它们的下一代，只要你注意观察，就不难发现那些雌

性菜粉蝶在飞舞时会在蔬菜的叶子背面单独产下一个黄色的、纺锤形，并有许多纵横纹的高约1毫米的蝶卵。3~5天后，这些卵就会孵化出一条半透明的小幼虫，它就是隐藏在青菜、甘蓝、西兰花等蔬菜里鼎鼎大名的菜青虫，由于菜青虫与我们人类争夺这些十字花科芸薹属的蔬菜，因此人们把它们视作蔬菜的大害虫。对这种与我们争夺蔬菜的菜青虫，相信大家应该都不会有什么好感。当幼虫一天天地长大，食量也一天天变得更大，它们把蔬菜叶子咬出一个个的洞，甚至只剩下几根叶脉。当幼虫生长成熟后，它们就会在叶子下面吐丝把自己绑起来，再过一天后，它们就会蜕变为缢蛹，而蛹经过一周后，就会羽化出新一代的成虫，继续飞舞、交配，再繁殖下一代。这样，菜农们辛辛苦苦种植的蔬菜就会被这一代又一代的菜青虫啃食侵害。因此，菜农们往往会采取喷农药等方法来消灭它们，以保护自己的劳动成果。

但是，大家有没有想过，

早在我们人类还没有出现的恐龙时代后期，菜粉蝶就已经出现在这个地球上，它们一直以我们今天作为蔬菜的这些植物为它们的寄主，而今天我们人类把它们的寄主据为己有，把这些植物作为我们食用的蔬菜，还把菜青虫反指为人类的害虫，公平吗？

　　和菜粉蝶极相似的，还有另一种——东方菜粉蝶，它们的后翅边缘比菜粉蝶多了一列黑斑，它们的幼虫虽然偶尔也会吃蔬菜，但它们更多的是以吃野生的碎米荠为主，大家认为它们算不算是蔬菜害虫呢？

（陈锡昌）

东方菜粉蝶

观察思考

　　我们人类应不应该把菜粉蝶赶尽杀绝？我们人类有没有能力把菜粉蝶完全杀灭？

宝岛来客

—— 大帛斑蝶

拉丁学名: *Idea leuconoe*
Siam Tree Nymph

习　　性: 访花，飞行缓慢，
一年多代

分　　布: 我国台湾特有

　　近十年来，全国各地的蝴蝶爱好者越来越多，其中不少人更把这种爱好作为一种事业来发展。他们在各地建立蝴蝶标本博物馆、展览厅，其中更有一些展览馆开始饲养一些蝴蝶活体供观众欣赏。而在这些展览中时常可以见到

一个整体白色、散布有一些黑色大斑点的大型蝴蝶活体展出，它们并不是我国大陆原生的蝶种，而是从我国宝岛台湾引进饲养的一种大型斑蝶——大帛斑蝶。

大帛斑蝶是在我国有记录的斑蝶种类当中体形最大的蝶种，雌蝶两翅展开可以达到120毫米，它们的飞行姿态轻盈优雅，就像是一朵朵白色的鲜花轻轻地飘在空中，特别吸引人们的眼球。因此，目前国内的不少蝴蝶展都会引进这种大帛斑蝶。但这种大帛斑蝶原产地仅在我国的台湾地区，它们仅以一种我国台湾特有的萝藦科植物爬森藤为寄主，要饲养这种大帛斑蝶就必须先引进、栽培这种我国台湾特有的爬森藤。雌蝶会在这种爬森藤叶子的正面或反面单独产下一个高约1.7毫米、黄白色纺锤形，像玉米一样有许多刻纹的卵。刚孵化出的幼虫灰白色，全身光滑，随着幼虫渐渐长大，它们在前胸和腹部末端渐渐长出了较长的软肉棘，身体表面也渐渐出现了黑色的横斑，末龄时还出现一些小红斑。成熟后，它们便会蜕皮化蛹，大帛斑蝶的悬蛹主要为黄色，并具有一些黑色的斑点，外形有几分像带壳花生。十多天后再羽化出新一代的成虫。

与大帛斑蝶近缘的还有同为帛斑蝶属的数个蝶种，这些帛斑蝶属的种类在中国都没有分布，它们只分布在东南亚各国。在体形上它们比大帛斑蝶还要再大一些，有的蝶种双翅更长，颜色却没有大帛斑蝶这么白，而是更加偏向灰色或者米黄，斑纹也更多、更细小。而且它们的飞行姿态更加轻盈飘逸，但要欣赏到这些异国的帛斑蝶及其飘逸的舞姿，就只能到这些东南亚国家去才有机会了。

（陈锡昌）

观察思考
为什么现在的蝴蝶展喜欢引进这种大帛斑蝶？这样引进外来的物种，会不会造成什么生态环境上的问题？

43

最小斑蝶

——金斑蝶

拉丁学名：*Danaus chrysippus* (Linnaeus)

习　性：访花，飞行缓慢，一年多代

分　布：长江以南各省区，东南亚各国

金斑蝶的翅展仅为 60~70 毫米，这与中国最大的斑蝶大帛斑蝶的 120~140 毫米的翅展相比起来，真可算得上是小巫见大巫了。可别看它个头小，但它在人类社会却享有很高的威望，它是一种很受欢迎的观赏蝶种。在国内不少知名蝴蝶园中，在盛大典礼当中，都能见到它的身影。

金斑蝶的成虫翅面为橙红色，外缘黑色并有一列白色斑点，前翅近顶角有白斜带，后翅中部有三枚黑褐色斑。雄蝶后翅中室还有吸引雌蝶的香鳞囊。这种明快又带有喜庆的彩色"着装"配合上翩翩的舞姿，再加上钟爱在花丛中纷飞的天性，无疑会吸引众人的目光。

而金斑蝶美丽服饰的背后却暗藏着玄机，这就要先从它一生的奋斗史说起了。刚刚从白色卵壳中孵出的幼虫，卵壳是它的第一餐，接下来幼虫就要以有毒植物（例如马利筋）的叶片作为食粮了。为了提防叶片中白色乳汁一下子喷涌出来淹溺自己，它会小心地将叶片叶脉先咬断，待乳汁流得差不多后，才开始吃"大餐"。有时幼虫还会以自己为圆心，在周边慢慢啃食叶表面，最终形成一个圆环，这样叶内流出的乳汁也会大大减少，从而保障自身安全。躲过了被淹溺的危险后，幼虫也逐渐长大。正因为幼虫以毒物为食，因此它的体内也聚集了毒素，再加上全身布满的黑白色横纹，背部醒目的黄斑，这些都足已警告来犯者："我可是不好吃的！"化蛹的时候，幼虫会爬到叶片的背面，将尾部固定住，最后变化为花生般形状的蛹，蛹的外壳为淡红色，

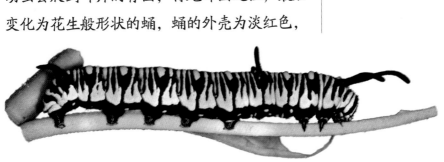

其中还会点缀着许多小金点。即使变为成虫，它的体内依然积聚着毒素，翅膀上的鲜艳色彩也在警告天敌。即便是在空中，它也喜欢缓慢低飞，这是为了让天敌能有足够时间看到它那带有警告性的鲜艳色彩。

外界条件适宜的情况下，金斑蝶从卵到化蛹，只需要不到二十天就完成了，加上身体的毒性可以驱走天敌，所以它在繁育上比其他蝶种更具优势。正是这样，人们看中了金斑蝶的发展前景，将它从自然界中带来，通过人工饲养大量繁殖，用其美丽来为人类服务。

（刘广）

观察思考

亲爱的读者，你知道还有哪些蝴蝶的成虫会模仿金斑蝶吗？

长途群迁

—— 蓝点紫斑蝶

拉丁学名：*Euploea midamus*
(Linnaeus)

习　　性：访花，飞行缓慢，
　　　　　一年多代

分　　布：华南、西南各省区，
　　　　　东南亚数国

　　你一眼最多看过多少只蝴蝶？几十？成百上千？

　　我一眼看过几万只蝴蝶。

　　2012 年 11 月 18 日，陈老师、刘老师和我三人在深圳海边的一处山谷中，目睹了这万蝶齐舞的景观。在大约 300 平方米的山谷中，聚集了超过 3 万只蝴蝶，大部分是蓝点紫斑蝶，也有少部分其他斑蝶种类，它们聚集在此，是为了迁飞到更为温暖的南方，度过寒冷的冬天。

鸟类会迁飞到南方过冬，为人熟知。蝴蝶也会迁飞，则鲜为人知。蓝点紫斑蝶是华南地区常见的斑蝶。它以有毒的夹竹桃科植物为食，因此体内带有毒性，很少被捕食，成虫存活的时间有3~4个月，并且它的翅很坚韧，这都为长途飞行提供了有利条件。每年的深秋开始，它们便陆续聚集到沿海温暖的地方，随着气温下降，聚集的个体越多，地点越偏南方。

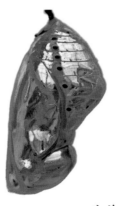

在我国台湾地区和国外，有关斑蝶迁飞的研究已经进行了几十年。我国台湾岛上斑蝶迁飞的起点、路线、终点已经被查清，每到斑蝶迁飞的季节都会进行相关的科学观察活动。为了保护迁飞的斑蝶，人们还会对斑蝶迁飞途中经过的高速公路进行围蔽。

北美洲的君主斑蝶也会在冬天向南迁飞，成百万个体最后都集中到墨西哥一处山谷中，因此这里吸引了许多游人，旅游成为了当地的支柱产业。

在日本，为了研究斑蝶迁飞，科学家们在斑蝶翅上做标记，然后放飞，最后在我国的台湾和香港都找到了放飞的个体。小小的斑蝶竟

雄蓝点紫斑蝶

雌蓝点紫斑蝶

可以飞跃几千里，不禁令人感叹：那柔弱的双翅是如何使它们远渡重洋的？

十年前，我们已经开始追踪广东沿海斑蝶迁飞的状况，但只获得零星的记录。迁飞的起点、终点在哪儿？具体路线如何？何时开始与结束？聚集有怎样的气候条件要求？不同斑蝶种类迁飞有不同吗？这些都还没有具体答案。

我们会继续追寻……

（杨骏）

观察思考

你认为斑蝶迁飞的目的是什么？

49

食毒之蝶

——绢斑蝶

拉丁学名：*Parantica aglea* (Stoll)

习　性：访花，飞行缓慢，一年多代

分　布：华南、西南各省区，东南亚各国

毒物，人人敬而远之。一些蝴蝶为了不被天敌吃掉，自身化为毒物，它们是如何做到的呢？

像绢斑蝶那样，它以毒物为食，自身便带毒，天敌们无从下手。

广州的野外，经常能见到绢斑蝶的身影。它常常出现在树林边缘、开阔地和路旁。它飞起来扇翅的频率不高，速度慢，看上去优哉游哉的。这种无视天敌的慢飞，源自它身为毒物的自信。

绢斑蝶以萝藦科植物为食，萝藦科植物中含有多种生物碱等有毒物质，绢斑蝶进食后能像进食普通植物那样，有效利用营养成分，不仅不会中毒，还能把其中的有毒物质保留下来，作为自己最强大的武器。

　　在广州，春夏秋三季都能见到绢斑蝶的身影。它的寄主是萝藦科的山白前，这是一种广州野外常见的藤本植物，喜欢攀缘生长在林子边缘的树木上。绢斑蝶把卵产在山白前的嫩叶上。卵是圆柱形的，上部渐尖，呈乳白色半透明状，看上去像一个水晶皮包着甜馅的点心。卵过一两天就会孵化，幼虫的生长也很快，一般十多天就能长到终龄。虫子褐色上面密布着细碎的白斑，还有两列纵向的黄斑。两对肉刺前后各一，看上去比那些浑身长刺的幼虫美味多了，但没谁敢打这毒物的主意。它的蛹是浑圆的，翠绿色，上面还有些金闪闪的斑纹，就像个小豆子挂在那儿。几天后，羽化的绢斑蝶就会飞出，继续它那无忧无虑的生活。

　　斑蝶都以萝藦科或夹竹桃科的有毒植物为食,所以和绢斑蝶一样,带有毒性,这不仅使它们自身能够防御天敌,也为其他蝴蝶御敌提供了思路——我是没毒,但我扮成毒斑蝶的样子,有本事你能看清就来吃我。大量的蝴蝶模拟有毒的斑蝶,在自然选择这一"天才整容师"的妙手下,它们与斑蝶"打扮"相似。其中凤蝶科有斑凤蝶,同时长出基本型和异常型,分别模拟紫斑蝶和绢斑蝶;蛱蝶科有斑蛱蝶属,包括金斑蛱蝶、幻紫斑蛱蝶等;眼蝶科的翠袖锯眼蝶为了模拟紫斑蝶,则是连标志性的眼斑也抛弃了,变成了没有眼斑的眼蝶。这些还仅仅是广州常见的蝴蝶,可见模拟者之多。模拟者不仅样子像斑蝶,飞行的姿态也学得惟妙惟肖,经常让观蝶初学者头痛不已。

　　可见不管有毒者还是模拟者,能适应环境的就能生存下去。

(杨骏)

观察思考

　　绢斑蝶的飞行为什么总是慢悠悠的? 它们吃有毒的寄主植物为什么不会中毒?

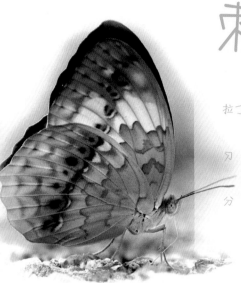

刺篱一族

——黄襟蛱蝶

拉丁学名：*Cupha erymanthis*
(Drury)

习　　性：访花，飞行迅速，
　　　　　一年多代

分　　布：华南、西南各省区，
　　　　　东南亚各国

　　黄襟蛱蝶是广泛分布于东南亚一带的蝶种，无论你是漫步在海岛之上，还是栖身于山谷之中，都有机会目睹它的身影。我国台湾朋友称它为"台湾黄斑蛱蝶"，很明显，按颜色归类的话，它属黄色系。但是我更喜欢"黄襟"这个名字，这更能彰显其特点，当成虫展开翅膀时，可以看到前翅中域有一条橙黄色不规则的宽带，恰似紧贴脖颈的衣领。而与它名字一字之差的"黄襟弄蝶"，辨识特征也有异曲同工之妙。

53

为什么称它"刺篱一族"呢？因为非常有意思的是，在一种名为刺篱木的植物上面，竟然发现了包括它在内的三种蛱蝶，它们的幼虫均取食这种植物。当然，黄襟蛱蝶幼虫还有取食刺栈、垂柳等植物的记录。笼统来说，这些粗生粗养的植物用来做人们家院里的栅栏倒也合适，权且用"刺篱"作为称谓。

黄襟蛱蝶的成虫在夏、秋两季最为活跃。雌蝶喜欢将卵产在叶片背面，两天后，一龄幼虫就会出生。这时候幼虫的身体半绿半红，略透明，还长满白色细长毛，就连运动也是一拱一拱的，速度很快，活像蛾的幼虫，对食物也挑剔，只爱吃嫩叶。只需一周多的时间，就可以长成末龄幼虫，这时的幼虫已经变为黑褐色，连背部的棘刺也是黑的，不进食的时候喜欢一动不动地躲在枝条上。化蛹之前，幼虫全身颜色会来个大转变，由黑色变成绿色。若有枝条的话，马上就能吐丝挂蛹了。变成的蛹也非常

漂亮，全身翠绿色，还会从蛹腹拉伸出八条长长的红丝线，似乎是在模仿一种恐怖的小动物。不用一周，成虫就能破蛹而出！

以刺篱木为食的还有另外两种蝴蝶，它们是珐蛱蝶、彩蛱蝶，非常有趣的是，它们的幼虫与黄襟蛱蝶的幼虫很相似。末龄幼虫都是长条形，颜色黄褐，长有棘刺的。最为明显的标志是它们的头部脸谱，黄襟蛱蝶有两个大大的"黑眼罩"，珐蛱蝶是"黑鼻子"，彩蛱蝶像"三只眼"。它们蛹的形态颜色很相似，只是珐蛱蝶没有八条红丝线，黄襟蛱蝶和彩蛱蝶则几乎分不出。它们卵的形态颜色也很相似，为扁圆形、黄色。这样综合来看，三种蝶还真有趋同进化的感觉。

（刘广）

观察思考

除了黄襟蛱蝶、黄襟弄蝶外，你还知道有哪些蝶的前翅上面具有不规则的宽带？

蓑衣红裙

—— 红锯蛱蝶

拉丁学名：*Cethosia biblis* (Drury)

习　　性：访花，飞行缓慢，一年多代

分　　布：华南、西南各省区，东南亚各国

红锯蛱蝶是久负盛名的观赏蝶种，各大蝴蝶园内均有它的身影。吉祥热情的红色，再加上硕大的翅形，翩翩起舞的飞行姿态，绝对让人难忘。因为翅膀上特别的面谱纹路，甚至还有人将它比喻作"梦露蝶"。红锯蛱蝶雌雄异型，雄蝶翅正面橘红色，雌蝶则为墨绿色，两翅具白色锯状外缘，中域有一列"V"字形白色斑，其外有一列白斑。翅反面黄褐色，中域一串面谱形斑。

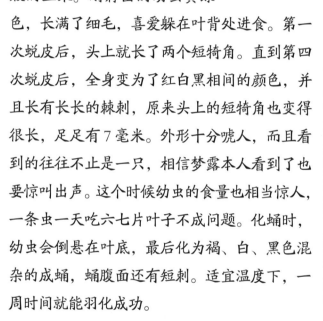

红锯蛱蝶最爱的寄主是西番莲科的蛇王藤，雌蝶在找到寄主后，就会在藤条上群产下一堆卵，卵的数量在 20 粒或以上。卵的形状和颜色都像缩小版的玉米。刚孵出的幼虫黄绿色，长满了细毛，喜爱躲在叶背处进食。第一次蜕皮后，头上就长了两个短犄角。直到第四次蜕皮后，全身变为了红白黑相间的颜色，并且长有长长的棘刺，原来头上的短犄角也变得很长，足足有 7 毫米。外形十分唬人，而且看到的往往不止是一只，相信梦露本人看到了也要惊叫出声。这个时候幼虫的食量也相当惊人，一条虫一天吃六七片叶子不成问题。化蛹时，幼虫会倒悬在叶底，最后化为褐、白、黑色混杂的成蛹，蛹腹面还有短刺。适宜温度下，一周时间就能羽化成功。

外形、习性与红锯蛱蝶相近的还有一种白带锯蛱蝶。两者均为雌雄异型，颜色、花纹近似，

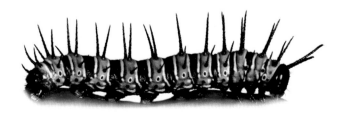

寄主植物也相同。只不过白带锯蛱蝶成虫前翅有一条白色斜带。但是就分布而言，白带锯蛱蝶分布范围较窄，主要是在海南、广东、广西等地，算得上是一种喜热怕冷的蝴蝶。幼虫也与红锯蛱蝶的不同，体色是红黑黄三色，然而，与红锯蛱蝶的唬人技巧有异曲同工之妙。

无论是红锯蛱蝶，还是白带锯蛱蝶，它们在末龄的时候食量都非常大。所以要满足幼虫生存的需要，必须要有足量的蛇王藤。而这种植物非常粗生，摘段枝条插土基本就能再生。而这种植物的花和果也非常具有观赏性，可在赏蝶时一同观赏。

（刘广）

雌红锯蛱蝶　　　　雄红锯蛱蝶

观察思考

想要繁育出一批观赏性蝶种，除了要种植足够数量的寄主植物外，还需要什么条件呢？

幼虫下地
——斐豹蛱蝶

拉丁学名：*Argyreus hyperbius*
(Linnaeus)

习　　性：访花，飞行迅速，
一年多代

分　　布：全国广布，亚洲多国

雄斐豹蛱蝶　　　"老师，我发现你经常在植物上找蝴蝶幼
虫，怎么你现在蹲在地上找呢？地上有蝴蝶幼
虫吗？"和我一起在野外观蝶的学生问道。

　　"是的，这里可能找到斐豹蛱蝶。大家还
记得斐豹蛱蝶幼虫和卵的样子吗？我们一起来
找吧。"于是，在我的号召下，学生们都蹲下
来了。

　　"斐豹蛱蝶的幼虫为何要下地呢？这和它
的寄主有关。斐豹蛱蝶的幼虫以犁头草为食，
犁头草是一种路边的野草，春季会开紫色的小
花，一株不过十厘米高，十来
片叶子，一条斐豹蛱蝶的大龄

幼虫很快就会吃完，吃完后它会爬到地上去找其他的犁头草来吃，有犁头草的草地，经常可以找到爬来爬去的斐豹蛱蝶幼虫。"我指着犁头草向学生说明。

"那么，斐豹蛱蝶把犁头草的叶子吃光了，犁头草会不会死掉呢？"

"不会，因为犁头草的茎是长在地下的，地面上的叶子被吃掉后，会重新长出叶子，所以不会死掉。"

"老师！我找到幼虫了，大大的，上面有些刺，背上有一条红色的花纹。就是它，和你给我们看的照片里的一样，看我抓住它。"一位学生迫不及待地伸出手。

"等等。"我制止了学生，"虽然虫体上的刺没有毒，可以摸，但我们很难掌握合适的力度，稍一用力就会捏死它。看我怎么让它自投罗网。"我说着，拿一片犁头草的叶子放在幼虫头部前方，幼虫就整个身子爬上了叶子。我便把叶子连带幼虫放进保鲜盒中，盖上盖子密封起来，"这样我们就可以把它拿回去养大，观察它的变化过程了。"

"老师盖上盖子不会闷死它吗？"

"不会，蝴蝶和我们人不一样，蝴蝶是变

温动物，新陈代谢所需要的氧很少，而且我们也不是一直闷着它，每天起码要打开盖子更换一次寄主。并且密封饲养可以保证盒内湿度，寄主不容易变干，还能保护幼虫，好处多多呢。"

三周后，学生们拿着羽化成蝶的斐豹蛱蝶来问我："老师，我们养出来的斐豹蛱蝶样子不是完全一样的，虽然都是橙色为主，上面有很多黑点，但这两只前翅还有一条白斑。是雌雄的区别吗？"

"是的，有白斑的是雌性，没有的是雄性。看来你们已经了解斐豹蛱蝶了。"

"老师，接下来我们该怎么办呢？"学生们一边望着盒中飞舞的蝴蝶，一边问我。

"我们为了观察学习而打扰了它们的生活，你们说应该怎么办？"

学生们默默打开盒子，几只斐豹蛱蝶欢快地向窗外飞去。

（杨骏）

观察思考
斐豹蛱蝶为什么喜欢在开阔地活动？它们的幼虫在地面上爬，不怕遇到天敌吗？

狐假虎威

—— 红斑翠蛱蝶

拉丁学名：*Euthalia lubentna*
　　　　　　(Cramer)

习　　性：访花，飞行迅速，
　　　　　一年多代

分　　布：华南、西南各省区，
　　　　　东南亚各国

　　炎热的 7 月，也正是荔枝成熟的时节，仰望枝端的红果，却不经意间看到了一对红斑翠蛱蝶停歇在此，它们用自己的吸管贪婪地吸食着甜汁。虽然翅有些残破，但还是能看清这是它们的特征：雄性翅面墨绿色，前翅顶角与后翅臀角尖锐，中室内有红色小斑；雌性翅角较圆钝，前翅中域有数个白斑组成的宽斜带。

7月，红斑翠蛱蝶迎来了繁殖的又一次旺季。雌蝶喜欢选择枝叶繁茂的地方产卵，通常这样的环境也较阴凉，雌蝶在相隔几米远的位置，就能分散产下十多粒卵。精致的卵立于叶片正面，就像是半球形的褐色啫喱，上面间隔插入了许多透明的"大头针"，针帽呈琥珀色。

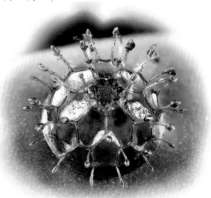

通风阴凉的环境之下，孵出的幼虫能顺利地成长，由原来的"黄毛小子"最终变为庞然大物。跟尖翅翠蛱蝶的幼虫一样，这种庞然大物也是唬人的能手，翠绿色的身体上铺满绿色的棘刺，不止是背部有大块大块的紫斑，就是棘刺的前端也是紫色的，这很容易让人们想到蜇人的毒蛾幼虫。曾试过一次，幼虫蜕下的皮跟随附着的叶片坠落，刚巧落到了一位女生身上，把她吓了一大跳，还马上去找药膏搽了。可事后发现皮肤一点儿事都没有，这是因为红斑翠蛱蝶幼虫的棘刺根本不具毒性。它外表虽然唬人，但平时可不是爱惹事的虫儿，每当静止在叶面或枝条上时，总能伪装得很好。唯有在化蛹前，为寻找合适位置到处爬行时，才容易被发现。我们曾试过晚上

蝴蝶故事 *Stories of Butterflies*

打着电筒，发现了幼虫正沿枝条向下爬的情形。

红斑翠蛱蝶是翠蛱蝶家族的成员之一，与其他成员不同的是，它的寄主是桑寄生科植物。而桑寄生科植物具有分布广泛、数量众多的特点，哪怕是城市的公园或小区也有分布。由于桑寄生科植物总是"高高在上"，所以各种杀虫剂拿它们毫无办法，这就为红斑翠蛱蝶从郊外侵入到市区创造了条件。我曾有两次在中山大学校园内采摘桑寄生时，发现了叶面上的红斑翠蛱蝶卵和幼虫。平时，幼虫生活在高处，成虫行动隐秘，所以人们很难有机会观察到它们。

（刘广）

观察思考

虽然红斑翠蛱蝶的寄主植物并不缺乏，它自身也有独特的生存技巧，但却是不大常见的蝶种，试分析一下，是什么因素导致了这一情况？

植园蒙难

——穆蛱蝶

拉丁学名：*Moduza procris*
(Cramer)

习　性：访花，飞行迅速，
　　　　一年多代

分　布：华南、西南各省区，
　　　　东南亚各国

　　穆蛱蝶长着深棕色的翅，一条白斑组成的长带从中部贯穿前后翅，长带旁边还有黑色的花纹；而翅的反面颜色较浅，呈棕红色，白斑更显眼。它的外观独特，样子与之相近的蝴蝶不多。

　　穆蛱蝶的卵是深绿色的，有像带蛱蝶、环蛱蝶那样凸起的结构。小龄幼虫的形态很特别，深褐色的表面有很多细小的凸起，看上去很粗糙，就像它自己排出的粪便一样。看来它也像环蛱蝶、带蛱蝶那样，善于用这种看起来不怎么卫生的办法隐藏自己。由此可见，虽然蝴蝶

的样子看起来不是很像，但从卵的形态、幼虫的习性看，穆蛱蝶与各种环蛱蝶、带蛱蝶还是有很近的亲缘关系的。

几年前的秋天，我在华南植物园观蝶时，发现有不少穆蛱蝶。而平时在广州能见到穆蛱蝶的机会不多。因此我除了抓紧时间拍照外，也留意它们的去向。经验告诉我，不常见的蝴蝶突然多起来，附近很可能有它的寄主。果然，我在园内某处花坛中，看到穆蛱蝶有弯起腹部产卵的动作，上前仔细观察，找到了穆蛱蝶的卵。原来，它的寄主植物是茜草科的钩藤。这是一种药用植物，植物园中有栽培，而广州近郊却不常见。

可惜的是，第二年春天，我到同一个花坛中寻找，除了几颗已死、变黑的卵外，一无所获，园内也不见穆蛱蝶飞舞。我深知不妙，连忙向植物园的花匠打听。如我所料，植物园也开始在游客观赏区内使用农药了。蝴蝶对农药相当敏感。尤其是幼虫，寄主上的微量农药短时间内即可致死。不少学生曾经问我，广州城中花草树木这么多，其中不乏寄主，为何蝴蝶那么少？人工栽培的植物或多或少都会使用农药，其实这就是广泛使用农药的结果。我曾经指导学生做过一个实验：一株柑橘按使用说明喷洒农药，要经过三个月后才能养育出第一只玉带凤蝶，而作为对比的无农药柑橘上，已经养育了四代玉带凤蝶了。这是使用能在城市中心生活的玉带凤蝶做的实验，其他仅在郊野出现的蝴蝶，其结果可想而知。

幸好，不久后其他老师观察到穆蛱蝶还以茜草科的水锦树为食，这种植物在广州近郊有分布。看来穆蛱蝶虽在植物园中蒙难，也不至于在广州消失。

城中花开蝶舞的情景，何时能再出现呢？

(杨骏)

观察思考

穆蛱蝶幼虫把叶子吃得只剩下中脉，自己却停在这剩下的中脉上是为了什么？

占地为王

—— 幻紫斑蛱蝶

拉丁学名: *Hypolimnas bolina* (Linnaeus)

习　　性: 访花，飞行缓慢，一年多代

分　　布: 华南、西南各省区，东南亚各国

　　在开阔的林间地带，半空之中经常会爆发短暂的冲突：一只停歇的蝴蝶不时窥视着四周，但凡见到附近有其他蝴蝶侵入其"领空"，哪怕对方体形很大，它也毫不犹豫地起飞拦截，多数情况下，对方都会在一番惊吓之后落荒而逃。喜爱做这种事情的是雄性的幻紫斑蛱蝶，它一身黑紫色，两翅中域具有一近圆形的蓝紫色幻彩大斑。雌蝶则不喜欢这样，雌蝶的色彩没有雄蝶的艳丽，前翅外缘及亚外缘有波状线，亚外缘各室有一列白点及齿状斑。

雌幻紫斑蛱蝶

幻紫斑蛱蝶绝对算是农家田地的常客了，它还有一个有趣的名字"番薯蝶"，不用解释，它最为喜爱的寄主植物就是番薯了（喜欢的另一种寄主植物是田间杂草——篱栏）。雌蝶喜欢将几粒卵一起产在寄主植物叶片的背面或嫩芽上，甚至是草草地产在寄主附近的其他植物上面。这样的"母爱"比起它在我国台湾绿岛的"表亲"——畸纹紫斑蛱蝶就差远了，雌性畸纹紫斑蛱蝶会将卵群产在叶背上，并一直守护着卵群，不吃不喝，直到体力耗尽而死。

刚孵出的幻紫斑蛱蝶幼虫，全身长有黑色的长毛，直接就躲在叶片背面取食，它们喜欢从叶片中间取食，并逐渐咬出一个小洞来。二龄以后，幼虫头上会长出犄角来。以后每次蜕皮换龄，不但食量增加，爬行能力也会增强。长大的幼虫就喜欢"游击战"了，往往是吃一处就换一处地方，由于番薯藤沿地面匍匐，生长繁茂，想要找到它就难上加难了。末龄幼虫

长得唬人，全身呈黑褐色，长满了橙色的棘刺，头部也是橙色的，头顶有一对"天线"。等到化蛹之前，幼虫就会以稀粪的形式将身体里积聚的水分排出来。蛹的色彩暗淡，布有灰色、褐色的斑纹，还布有锯齿状的外突。

　　羽化出来的成虫，若是瞥眼看翅膀的反面，还真以为是遇见了幻紫斑蝶呢。确实，前者就是想通过模拟后者，以达到迷惑捕食者而求生的目的。若还是不幸被捕食的话，那捕食者得到的口味就应该是不具备毒性的番薯味了。虽然两者一字之差，但无论类别、寄主，还是习性，都有很大的不同。

（刘广）

雄幻紫斑蛱蝶正面和反面

观察思考

　　幻紫斑蛱蝶的雄性具有领地意识，会驱赶其他种类的蝴蝶。除了它以外，你还知道有哪些种类的蝴蝶也有这样的特点？

迷人伪眼

——美眼蛱蝶

拉丁学名：*Junonia almana*
(Linnaeus)

习　　性：访花，飞行迅速，
　　　　　一年多代

湿季型

分　　布：华南、西南各省区，
　　　　　东南亚各国

　　美眼蛱蝶前后翅都是橙色的。这身鲜艳的"外衣"，在阳光下格外显眼。并且它喜欢在开阔的草丛地带活动，时常靠近地面平飞。如果你认为天敌很容易发现它，它会很危险，那你就错了——它这身外衣还有秘密武器。当你慢慢靠近它时，它的前翅会忽然向上张开，露出遮盖在下的后翅。后翅上就有它的秘密武器—— 一双直径有1厘米的大眼斑，里面还有蓝黑色的花纹，模拟动物眼内的虹膜和瞳孔。

旱季型

当然，对于万物之灵的人类而言，这种小把戏不值一提。但对于追捕美眼蛱蝶的天敌，如鸟类而言，明明眼前是一只蝴蝶，为何忽然变成了另一种动物？刚想仔细辨认，美眼蛱蝶就趁你一愣之下的间隙，展翅飞去。可见，美眼蛱蝶就是靠这双伪眼迷惑敌人，制造逃跑的机会。

广州地区的美眼蛱蝶很常见。一般而言，常见种类的蝴蝶，幼期还是比较容易记录到的。但经过几年，我们仍未找到美眼蛱蝶的卵和幼虫。根据香港的记录，水蓑衣这种植物是美眼蛱蝶的寄主。于是我们在美眼蛱蝶出没处寻找水蓑衣。水蓑衣这种植物在广州分布不广，它是一种喜水的植物，有时甚至会长在水中；而美眼蛱蝶在广州分布广泛，在城市的草坪中也时常能见到，与水蓑衣分布并不重合。因此我们推测：美眼蛱蝶在广州应该以另一种植物为食。于是我们改变以寄主找幼虫和卵的方法，而用追踪成虫，观察其产卵的办法来找。无奈找了一段时间，还是没有收获。

功夫不负有心人。2006 年 7 月，我在广东英德石门台自然保护区观蝶时，见到一只美眼蛱蝶不时停下，腹部弯向叶子。我知道这是一只准备产卵的雌蝶，心中暗喜，于是冒着正午的烈日紧追不放。近一个小时后，终于在一株不到 3 厘米高，只有几片叶子的植物上找到一颗直径只有 0.6 毫米左右的卵，这与美眼蛱蝶成虫的大小不成比例，按照美眼蛱蝶的大小，它的卵应该会超过 0.6 毫米。那时我还以为是自己被晒得有点昏所以没看清。回到驻地后，在放大镜下才确认这是一种未见过的蛱蝶卵，之后饲养出成虫，正是美眼蛱蝶。

　　回到广州，我们又在相同的植物上找到了美眼蛱蝶的卵和幼虫，并拍摄了花的照片让植物专家鉴定。原来美眼蛱蝶在广州地区的寄主是旱田草。

　　我们就是这样观察、饲养、拍摄和记录的，给大家展现蝴蝶独特而美丽的一生。　　（杨骏）

观察思考
　　同一蝶种在不同地方所记录的寄主植物却不一样，这说明了什么问题？

73

最易误认

—— 中环蛱蝶

拉丁学名: *Neptis hylas*
Linnaeus

习　　性: 访花，滑翔飞行，
一年多代

分　　布: 国内大多数省区，
东南亚各国

"各位注意观察，中环蛱蝶在产卵。"我指着路旁的山黄麻，让学生观察。很快，学生们就找到了中环蛱蝶的卵，他们迫不及待地拿出放大镜来观看。

"老师，这是浅蓝色的。" "圆圆的，啊，不，有点长。" "表面有些多边形的结构，凹陷进去了。" "还有很多凸起的小刺。" "好奇怪啊。"学生们争先恐后地发表着看法。

"是不是很像常见的仙人球呢？"我引导着学生思考，"不少亲缘关系相近的蛱蝶卵都像这个样子，以后大家找到就可以大致区分了。"

"老师，既然像仙人球，那么蝴蝶产卵时会不会被扎得很疼呢？"某位平时发言不多的学生问道。

"我可无法变成蝴蝶，知道它们是否会疼，不过即使会疼，我想蝴蝶也会很努力的，毕竟它们要繁衍后代。"我试着转换话题，"不如猜测一下为何它会有这样带刺的样子？"

蝴蝶卵表面光滑的地方不多，大多有一些凹凸的花纹，像中环蛱蝶那样带刺的也不少，这其实是一种保护，外部的"装甲"保护着里面脆弱的卵，"警告"捕食者三思而行，令寄生者无从下手。

中环蛱蝶除了卵特别外，幼虫也不寻常。大家认为虫子一般都是圆柱形的吧，但中环蛱蝶的虫子更像是方形的，尤其是大龄幼虫更明显。中环蛱蝶幼虫褐色的外表使它能在寄主的枝条上找到隐藏之处。它还有一项本领，就是会将叶子的尖端吃掉，仅剩中间枯萎的主脉，然后就停在上面，我们用肉眼很难看到。而它

的粪便也是褐色的，小龄幼虫甚至藏身粪便之中。不过，这反而使我们可以很容易找到它们：因为在自然状态下，叶子是不会枯萎到只剩下一条主脉的。这种蝴蝶幼虫进食的痕迹称为食痕或食迹，利用它可以很快找到幼虫。

　　环蛱蝶属种类繁多，它们之间又都非常相似。在野外经常能看到中环蛱蝶展翅平飞的身影。黑白相间的蝶翅使它有别于其他常见蝴蝶，前翅环状的白斑使它有别于带蛱蝶和菲蛱蝶，而蝶翅反面白斑上明显的黑边又使它有别于其他常见的环蛱蝶。

（杨骏）

观察思考

　　中环蛱蝶的卵长有这么多的刺，雌蝶产卵时会不会被这些刺弄伤？

多棘奇客

—— 斑灰蝶

拉丁学名: *Horaga onyx*
(Moore)

习　性: 访花，翻飞迅速，
一年多代

分　布: 华南、西南各省区，
东南亚各国

　　1990 年深秋（10 月）的一天，我们来到广州白云山黄婆洞水库边考察蝴蝶。在一处山谷入口生长着几棵高不及 3 米的鹅掌柴小树，此时正值盛花期，小树上开满了许多的小花，而在花丛上已经聚集了很多的蜜蜂和多种小型蝴蝶。这时，一位同学跑过来告诉我们，他发现了一种从没见过的灰蝶——斑灰蝶。

　　斑灰蝶是一种小型灰蝶，成虫两翅正面灰色，翅基部散布着浅紫色晕斑，前翅中央还有一个白

色斑,斑灰蝶也因此而得名。它们的飞行姿态和路线很不规则,一般比较难判断它们的飞行方向。斑灰蝶的幼虫以荔枝等植物为寄主,雌蝶会在这些植物的嫩芽上单独产下一个白色、如高尔夫球一般的蝶卵。这些蝶卵经过三四天后便开始孵化出体长仅有2毫米、黄褐色半透明、表面长有许多长柔毛的小幼虫。随着幼虫一天天长大,它们的身体表面开始长出一些粗大的肉棘,而且这些肉棘也会伴随幼虫的生长而渐渐变得更大、更长,到最后变成了背面和两侧长着数条粗大长肉棘的奇特幼虫,让人心生恐惧而不敢去触碰,从而得以保护自身的安全。这些幼虫最后都将蜕皮蜕变为黄豆般大小的绿色悬蛹,不过它们身体末端与物体的接触面比较大,而且蛹体向腹面弯曲,让人感觉它们不像是悬蛹。一周后,这些悬蛹开始陆续羽化出下一代的新成虫。

与斑灰蝶同属的还有少数几种斑灰蝶，但在我们南方地区则只有一种——白斑灰蝶，它的形态与斑灰蝶非常相似，仅是体形略小一些。它们的幼虫和蛹与斑灰蝶也非常相似，因此并不容易区分这两种斑灰蝶。加上它们的寄主同为荔枝等植物，更让人难以辨认。只有认真观察分析才能真正把它们区分出来，如果你有兴趣，不妨也去观察一下它们，找出它们的区别所在吧！

（陈锡昌）

观察思考

斑灰蝶为什么要长出这些又粗又长的肉棘？它们的幼虫取食荔枝的嫩芽，或多或少给荔枝造成了一定的伤害，那它算不算是一种果园害虫？

79

奇尾精灵

——鹿灰蝶

拉丁学名：*Loxura atymnus*
(Stoll)

习　　性：访花，吸水，翻飞迅速，
一年多代

分　　布：广东、广西、云南、海南，
东南亚各国

　　1989年夏天，我们到广东云浮参加生态考察夏令营。一天中午，当我们走进一个餐厅，刚进门，就有同学发现一个窗户上停着一只拖着长尾突的橙色灰蝶，大家都被这只特别的灰蝶吸引住了，"为什么它的尾突与其他的蝴蝶不一样？""对呀！它的尾突是由后翅臀角延长而成的，的确与其他蝶种完全不一样。""这就是它最特别的地方。"我们围着这只灰蝶展开了讨论……

　　鹿灰蝶是一种通体均为橙色，后翅臀角延长为尾突，并且这尾突还会向外反卷的中型灰蝶。如果你到广东的阳春以西或广西、云南、海南等热带地区，就有机会见到这种形态非常奇特的灰蝶。它们很喜欢在林边的灌丛上飞行，还经常落到潮湿的溪边、地面去吸水。它们拖着长长的尾突，飞行的路线很不规则，不时还会翻一两个跟斗，动作特别有趣。

鹿灰蝶幼虫的食物就是菝葜科的菝葜，当这些菝葜生长出新的嫩芽时，鹿灰蝶的雌蝶便会在菝葜刚刚长出的这些嫩芽上单独产下一个直径约为 0.8 毫米、白色扁球形、表面密布规则的点状凹纹的蝶卵。刚孵化出来的幼虫体长仅有 3 毫米，背面长有不少较长的柔毛，但蜕皮后，这些较长柔毛就消失

小龄幼虫

大龄幼虫

了，变成了光滑的幼虫。鹿灰蝶的幼虫仅需要蜕皮 3 次，就可以最后生长为体长达 30 毫米的成熟幼虫，成熟幼虫随后便在寄主的枝叶下化蛹。鹿灰蝶的蛹按分类应该属于悬蛹，它们仅有腹部末端粘在植物上，但是由于这些蛹的

81

腹面几乎是紧贴在植物上，所以看上去又非常像是缢蛹，只是没有围在腰部的丝束。再经过十多天的时间，这些蝶蛹就会羽化出新一代的成虫来。

鹿灰蝶属的种类并不多，但与鹿灰蝶属比较相似的还有桠灰蝶属的种类，这些蝶种与鹿灰蝶有不少相似的地方，但也有自己的特点，它们大多生活在亚洲热带地区，如果你想要观察到这些与鹿灰蝶相似的蝶种，到东南亚各国去吧，机会更大一些。

（陈锡昌）

观察思考

为什么鹿灰蝶要长出这样奇特的长尾？它们飞行时翻跟斗会不会影响到它们的生存？

校园稀客

——一点灰蝶

拉丁学名：*Neopithecops zalmora* Butler

习　　性：访花，翻飞迅速，一年多代

分　　布：广东、广西、海南各省区，东南亚数国

　　坐落在广州市区、珠江南岸的中山大学，由革命先驱孙中山先生创办，是当今华南地区最著名的学府，其深厚的历史底蕴是众多其他学校都无法比拟的，可以毫不夸张地说，就连蝴蝶也可以充分证明这一点。你也许会感到惊讶：为什么说蝴蝶也能证明中大的历史呢？请看看下面的介绍吧！

　　中山大学现址的前身是格致书院，始建于 1888 年，几经历史的变迁，最后成为了现在的中山大学校园。在中大校

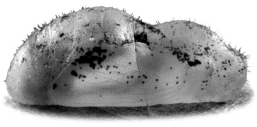

园内至今还保留着众多的古树及小片的树林，在这些仅存的树林中，就生长着一种一点灰蝶所赖以生存繁衍的寄主植物——芸香科的山小桔。如果你在广州周边地区方圆300公里范围内想要找到这种一点灰蝶，那么可以告诉你，只有在中山大学的校园内才有机会见到它们。

其他的地方你再怎么找也是徒劳，除非你跑到更远的粤西地区的高州才有机会找到它们。原因很简单，在粤西以东的广大地区已经找不到这种山小桔了，只有中大校园内才会有山小桔的存在。

一点灰蝶的成虫并不起眼，它们的正面只有深灰色，反面则为浅灰白色，仅在后翅近前角处有一个小黑点，故得名为一点灰蝶。它们的飞行路线很不规则，你往往只能看到它们在眼前闪动，却看不清楚它们会飞向哪里。它们的雌蝶会在寄主山小桔的嫩芽上单独产下一个浅青绿色、直径约0.5毫米、表面具有许多像花瓣一样结构的扁球形卵。三四天后，卵开始孵化出体长仅有1.5毫米、灰褐色半透明、背面有两列长毛的小幼虫，随着幼虫的渐渐长大，它身上的毛会变得又短又

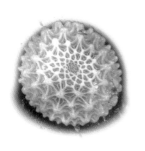

多，体色也由灰褐转为绿色。一周后，幼虫会蜕变为体长仅7毫米、绿褐色的豆粒状小蛹。再过一周，它们就会羽化出新一代的一点灰蝶。

小龄幼虫

与一点灰蝶近似的蝶种在国内并不多，仅有另一属的黑丸灰蝶与其比较相似，但后者的黑斑明显要大很多，而且双翅外缘具有一圈黄色边纹，与一点灰蝶的区别还是很明显的，并不难区分。

大龄幼虫

（陈锡昌）

黑丸灰蝶

观察思考

为什么中大校园可以让一点灰蝶在其中生存繁衍，而周边地区却找不到它们的身影？这说明了什么问题？

豆荚精灵

—— 亮灰蝶

拉丁学名：*Lampides boeticus*
(Linnaeus)

习　　性：访花，翻飞迅速，
　　　　　一年多代

分　　布：长江以南各省区，
　　　　　东南亚各国

　　说起精灵，大家肯定会想到"细小""精致""灵巧""敏捷"等形容词。蝴蝶中小小的灰蝶，正像是精灵般的存在。

　　亮灰蝶是灰蝶的一种，它的体形不大，停下来双翅合并，就跟拇指指甲一样大，够小的吧。虽然细小，但灰蝶长得和其他蝴蝶有很大不同，其他蝴蝶翅的正反虽有差异，但仍有迹可寻，而灰蝶翅则是正反完全不同。亮灰蝶翅正面是一身浅蓝色的闪斑，反面则"换装"成浅灰色带细碎白色的斑纹，饰有一条贯穿前后

翅的白色带子，再配上一对短小的尾突。和凤蝶的尾突不同，灰蝶的尾突中没有翅脉支撑，因此是柔软的。观蝶时可以见到，亮灰蝶的尾突在风中轻轻摇摆，如风筝的尾饰一般。而长出尾突的后翅后角上有一个大而圆的黑斑，配合轻摇的尾突。原来尾部是在模拟头部：圆斑像复眼，尾突像触角。亮灰蝶长得精致的同时还不忘迷惑捕食者，它们也够鬼灵精怪的。

观蝶时，我们经常追踪蝴蝶飞行的线路，飞得再快，也有一定的踪迹可寻。但这个方法对灰蝶无用，它们的飞行不仅很快而且是无定向的，刚看到它在地面停着，一瞬间就到头顶的叶子上了，究竟是直线上去，还是绕了几个弯上去，大概要靠高速摄像机才能捕捉到，因为人眼根本跟不上。如果说其他蝴蝶进行的是像飞机那样的普通飞行，那灰蝶进行的就是特技飞行了，非常灵巧敏捷。

灰蝶的取食也与其他蝴蝶不一样，它们喜欢以寄主的花果为食，而其他蝴蝶一般吃寄主的叶子。在广州野外，亮灰蝶喜欢在蝶形花科

猪屎豆的花上产卵，卵大约0.5毫米，浅蓝色、扁圆形，上面有微小而排列整齐的凸起。幼虫孵化出后会钻进豆荚中生长。一般植物的花期都不长，因此灰蝶的生长也很快。亮灰蝶一般两周就能从卵化蝶。

跟童话和神话故事中，精灵经常会搞些恶作剧作弄主人公一样，亮灰蝶也会恶作剧般地"偷吃"人们栽种的豌豆、豆角等作物，不过由于它的食性很广，而且只是偶尔为之，所以根本谈不上危害。如此看来，灰蝶真是不负"精灵"之名呢。

（杨骏）

雄亮灰蝶　　　雌亮灰蝶

观察思考

亮灰蝶的幼虫钻进豆荚中是为了什么？你在什么环境中见到过亮灰蝶？

九天成蝶

——曲纹紫灰蝶

拉丁学名：*Chilades pandava*
(Horsfield)

习　　性：访花，翩飞迅速，
　　　　　一年多代

分　　布：华南、西南各省区，
　　　　　东南亚各国

"老师，它长得比我们养过的玉带凤蝶快多了，从化蛹到羽化还不到 3 天。"

"好像是上周采的卵。"

"是我看着它产卵后采的。"

"你不是没看清吗？还是老师帮你找到的。"

"孵化出幼虫也很快，就第二天吧。"

跟我学习饲养蝴蝶的学生们七嘴八舌地说着刚养出的曲纹紫灰蝶，我吩咐他们将饲养记录整理好。3 年后，当学生们问起我哪次饲养的蝴蝶最快时，我便翻出这个记录，给他们看：从卵到成虫，只用了 9 天。

一般蝴蝶成长都需要三个星期，能两个星期成蝶的已经很快了。曲纹紫灰蝶为何能在如此短的时间内成蝶呢？

根据资料，曲纹紫灰蝶原产于南美洲。它以苏铁为食。苏铁作为园林植物被广泛栽种后，它也随之漂洋过海，在有苏铁的地方分布，现在已广布于中国南部以至东南亚、中南半岛各地。苏铁作为外来植物，和本地植物差别很大，曲纹紫灰蝶没有别的选择，对苏铁高度专一，这使得它的生长必须适应苏铁的生长。

苏铁的叶子呈羽状，尖端锋利并且很硬，很难想象幼小的曲纹紫灰蝶幼虫能啃下这么硬的叶子。的确，曲纹紫灰蝶幼虫并不吃成熟的苏铁叶子，它只吃刚长出的苏铁嫩叶，而苏铁的嫩叶大约一周就会长大变硬，如果曲纹紫灰蝶不快吃快长，就吃不动硬硬的叶子了。这就是它快速生长的原因。

曲纹紫灰蝶的雌蝶会将卵产在苏铁的叶芽上，刚孵化出来的幼虫是带有少许粉红色的，可以很好地隐藏在同样有粉色绒毛的苏铁嫩叶中。

雌曲纹紫灰蝶　　　　　　　　　　　雄曲纹紫灰蝶

嫩叶渐渐长大，绒毛褪去，呈现绿色，幼虫也
渐渐变成绿色，幼虫到终龄可长到20毫米长，
化蛹后蛹会偏黄色，3天左右就会羽化出成虫。

最后让我们来看看这次最快的养蝶记
录吧：

产卵（2009.5.13）；孵化（2009.5.14）；
化蛹（2009.5.19）；羽化（2009.5.21）。

（杨骏）

观察思考
　　除了曲纹紫灰蝶以外，你还知道有哪些
种类的蝴蝶会以园林植物为寄主？

91

果之隐者

—— 绿灰蝶

拉丁学名：*Artipe eryx* (Linnaeus)

习　　性：访花，翻飞迅速，一年多代

分　　布：华南、西南各省区，东南亚各国

　　若你仔细观察一下彩虹，就会发现阳光其实是由七种色光"红橙黄绿蓝靛紫"所组成。而在蝴蝶的世界中，也能看到这样的色彩，红色系的代表有红锯蛱蝶，橙色系的代表有莱灰蝶，黄色系的代表有宽边黄粉蝶，绿色系的代表就是绿灰蝶……

　　绿灰蝶确实是绿色系代表，它的翅反面呈绿色，后翅臀角有叶状突出，臀角黑色，尾突一条，翅的正面是灰褐色。正是这种绝佳的伪

装，让它能立身、隐遁于花草树木之间，若是它在某处停留不动的话，很难被发现。

绿灰蝶的成虫不易发现，但是寻找它的幼虫就容易得多了。每到夏季，茜草科的栀子果实就已经长大成形。由于人们热衷于观赏栀子的花和果，所以不仅路边有栽种，而且还会散落到林下各处。栀子的果实外形看起来仿似吃剩的梨核，全绿色并且布有纵棱，竖立于枝头之上。如果你发现栀子果实上有圆洞的话，那么十有八九，会有一条绿灰蝶的幼虫躲藏在里面。圆洞的直径大小，其实已经间接

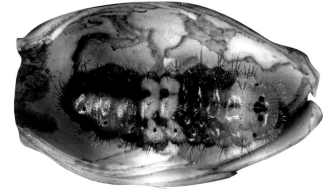

告知了我们幼虫的大小，洞越大则幼虫越大。而大龄幼虫习惯用它那厚实有肉的"臀部"堵住洞口，不让其他的外来客进入。这样做还有一个好处，就是方便向外排泄，保持"房间"内部的清洁。只有用刀小心地剖开栀子果实，才能看清楚幼虫的真容：它的身体呈蛞蝓状，布满了短刚毛，并分成四段颜色，从头至尾分别是橙、黑、白、黑。也不知道是不是由于栀子本身就能提炼出绝好黄色染料的缘故，住在

果实里面的幼虫总是给人有些湿漉漉、颜色发黄的感觉。但这并不打紧，因为绿灰蝶的幼虫化成蛹前，会将整个果实蛀空，最后蜕掉这一层皮。有意思的是，这个蛹也是住在这个空空的"房间"里的。已被蛀空的栀子果实很多时候都会落果，绿灰蝶蛹也会随之坠地。这有利于更好地隐藏。

能够成功羽化的绿灰蝶，会开始下一代的繁殖。雌蝶喜欢将卵产在栀子果实的萼洼处，或者果棱处。绿灰蝶的卵大，白色扁球形，很容易观察到。正因为如此，卵被寄生的概率很大，卵在产下后，就已经历了生死的考验。

（刘广）

观察思考

有不少灰蝶种类的幼虫会寻求蚂蚁的保护，那么绿灰蝶幼虫是否也如此呢？

叶缘奇观

——豹斑双尾灰蝶

拉丁学名：*Tajuria maculata*
(Hewitson)

习　　性：访花，翻飞迅速，
　　　　　一年多代

分　　布：华南、西南各省区，
　　　　　东南亚各国

　　一直以来，豹斑双尾灰蝶都受到蝶类爱好者们的青睐，这除了和它秀美靓丽的外貌有关，还与它奇特的生活行为有关。它和珀灰蝶、双尾灰蝶、克灰蝶等种类一样，一生中的大部分时光都是在高居树端的桑寄生植物上度过的，这使得观察、了解它变得十分困难。此外，豹斑双尾灰蝶成虫的飞行也具有不定向性，你很难琢磨它下一步会飞去哪里，唯有短暂的停歇，人们才能看清楚它的样貌。成虫翅膀的反面银白色，布有许多黑色斑点，并具有两条尾突；展开翅膀后可以看到正面为灰色，翅基部为淡紫蓝色，中部有大白斑。

　　成虫后翅上的尾突就好似又长出了一个头部，无论是风吹还是翅的抖动，尾突就似触角一般动起来，足以迷惑鸟类。曾经见过后翅缺失了的雌蝶，显然它是"鸟嘴余生"的。也只有生存下来，才有机会繁殖。而豹斑双尾灰蝶雌蝶的产卵方式，相信在蝶类世界中也是绝无仅有的：雌蝶会专心致志地在叶片的边缘上产卵，一粒紧挨着一粒，每粒浅黄色的卵的形状就似小馒头一样。最多的时候，一片叶子上可产下 90 粒。雌蝶最终会在产下所有的卵后因体力耗尽而死去。或许是想通过模仿来避免受到肉食者的伤害，这种产卵方式与一些叶蜂的产卵方式相似。但是从野外的采样来看，仍然有绝大部分叶片上的豹斑双尾灰蝶卵被寄生了，还有少量叶片出现被啃食的痕迹，但幼虫却无从寻觅。

　　能够成功幸存下来的幼虫，数量只有原来的三分之一甚至更少，它们最终会由起初的 1 毫米体长变为 20 毫米长的庞然大物。它

们橡皮软糖般的身体会扎堆挤在一起，褐红色的身体上密布着黄色的斑点——这是非常明显的恐吓伎俩，意思是"不要碰我们"。但如果仍有天敌敢靠近，并造成大的晃动的话，幼虫就会使出最后一招——"走为上计"，纷纷从枝叶上垂直坠落。实际上，当长到足够大以后，幼虫就不爱在高处生活了，它们会全部下到地面来，寻找合适的位置化蛹。豹斑双尾灰蝶成蛹的颜色是黑褐色的，在蛹的两侧各有2个小凹坑，蛹的背部也有4个凹坑，像极了脱落的树皮。

要获得豹斑双尾灰蝶的第一手资料，除了坚持野外观察外，室内饲养观察也很重要。时至今日，它的卵为何群产在叶缘，仍有待研究。

（刘广）

观察思考

豹斑双尾灰蝶的卵是群产的，你还知道哪些蝴蝶具有这种习性吗？

潜叶食客
——点玄灰蝶

拉丁学名：*Tongeia filicaudis* (Pryer)

习　性：访花，翻飞迅速，一年多代

分　布：长江以南各省区，东南亚各国

若你留意一下身边的植物，就会发现有时候植物的叶片上会出现许多不规则的灰白色线条。折断树叶你会发现，原来这是潜叶蝇幼虫挖出来的蛀道。叶片为潜叶蝇幼虫提供了非常有利的隐蔽、保护场所和取食场所。而在蝴蝶的世界中，也有许多类似的"打洞"好手，这其中就有点玄灰蝶。

点玄灰蝶是分布很广的蝶种，在我国北方、南方的大城市之中，哪怕是在人迹罕至的山区，都能见到它的身影。近几年，点玄灰蝶也成为广州这座都市中常见的小型蝶种了，大街小巷里、屋顶房檐处，总有它们飞舞的身影。仔细

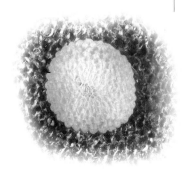

观察，它的成虫反面灰白色，从翅基至外缘有许多列横排的小黑斑，近尾突处有橙黄斑，尾突也很小。

第一次遇见点玄灰蝶时，竟发现它们正在屋顶的棒叶落地生根上面产卵。远远望去，它们的飞行并不迅捷，甚至能清楚看到翅膀正面呈现出的灰黑色，个体也就如同酢浆灰蝶一般大小。由于点玄灰蝶产卵的位置很高，这次我并没有获得观察它的卵和幼虫的机会。第二次，在市场上买了一小盆长寿花，特意摆到办公室门前点玄灰蝶成虫出没的地方，没过多久就收获到了一枚点玄灰蝶的卵。这才有机会清楚观察点玄灰蝶幼虫的行为。

点玄灰蝶的幼虫会以景天科的多种植物叶片为食，如具有观赏价值的石莲花、多花伽蓝菜等。这些植物的叶片均为肉质而且富含水分。点玄灰蝶幼虫在出生以后，就会轻轻咬开叶片的表皮，然后啃食表皮下面的叶肉组织。随着幼虫的长大，"战果"也会逐渐扩大，最后幼虫的整个身体会钻入叶片中。由于叶肉组织富含水分，叶表皮又有很好的隔水性能,所以被啃食的叶片内部,基本上只剩下水。但幼虫仍然能潜入其中进食,在里面待上半个小时再出来透气排便,这可真算得上是"潜水运动员"中的佼佼者了。一片叶子在它这样的攻势下,最后就只剩"上表皮贴下表皮"了。把叶肉吃光后,老熟的幼虫干脆就在这夹心位置化蛹了。

我有一位朋友是多肉植物的疯狂爱好者,平时在家中就收集了许多景天科植物的活体,只是他怎么也没想到这样居然会"招惹"来了点玄灰蝶。点玄灰蝶到来之后,大量繁殖,高效地蚕食植物,让这位朋友损失惨重。其实,只要提前做好隔离措施,这样的情况还是可以避免的。

(刘广)

观察思考

植物是不是真的没有办法应对点玄灰蝶呢?

红眼奇蝶

——玛弄蝶

拉丁学名：*Matapa aria*
(Moore)

习　性：访花，飞行迅速，
　　　　一年多代

分　布：华南、西南各省区，
　　　　东南亚各国

　　当你漫步在竹林小道时，极有可能会见到一种小型弄蝶，它两翅正面为黄褐色，反面为浅褐色，翅面上没有明显斑纹，外形平淡无奇，却又长有一对大大的红色复眼，就像得了红眼病一样。或许也就是这样的一对奇特的红眼，注定了它有着奇特的一生。

　　雌蝶会选择在竹叶的背面产卵，但对竹子的种类并不挑剔。它每产好一枚卵，就会将身上的毛蹭附在上面，堆叠起来，充满了母爱。这样做可以起到一定的隐蔽和保护作用。也许

是注定与红色有缘，刚出生的幼虫也是红色的，就连性格也如红色寓意的那样，充满了活力、斗志，甚至有些火暴。为了不暴露自己，幼虫要马上行动起来，它们用极短的时间在竹叶上搭建一个简单的叶巢，即吐出细而密的丝将一侧的叶缘向中间拉拢过来。二至四龄的幼虫，身上的红色会逐渐变淡，但造出的叶巢却极精巧又富有特色。因为这样的叶巢是通过幼虫在竹叶中间处横向咬出大缺口，然后像裹鸡蛋卷那样将竹叶卷成圆筒状搭建出来的。这种叶巢靠近缺口的筒端会完全封闭，另一端则打开着，以方便粪便的排出。你若是试图打开这个叶巢，会遭遇到幼虫的强烈反抗，幼虫会抬起上半身反复多次快速击打叶片，以表达不满。若叶巢最终还是被拆开的话，你会看到幼虫的"房间"总是尽可能做到最大，这样就不需要它们再钻出叶巢外取食，降低了风险系数。再者，即使叶巢被拆开了，没过多久也会被修复的。五龄幼虫和蛹的颜色变成了黄白色，但幼虫仍然在

小龄幼虫

102

蛹

叶巢里居住。成蛹很柔软，外面裹有大量蛹丝，与叶巢相固定。每当遇到刺激时，蛹就会强烈震动，以求摆脱危险。刚羽化的成虫必须很快地钻出叶巢来，以确保翅膀能成功展开。

由于玛弄蝶产卵分散，它的幼虫不爱食用嫩叶嫩芽，也不喜欢抛头露面，再加上寄主植物分布广泛，数量众多，所以经过它身边的人并没有太多地关注它。有些人拍了成虫的照片后反而提出疑问：是不是相机没有打开防红眼功能？你要是对它感兴趣的话，不妨欣赏一下悬在竹叶之上的串串"风铃"（叶巢）；又或者是仔细观察一下幼虫独特的织巢技艺吧。

（刘广）

观察思考

除了玛弄蝶以外，有些种类的蝴蝶也长着大大的红眼睛，你知道吗？

水稻害虫

—— 直纹稻弄蝶

拉丁学名: *Parnara guttata* (Bremer et Grey)

习　　性: 访花，飞行迅速，一年多代

分　　布: 长江以南各省区，东南亚各国

　　直纹稻弄蝶被普遍认为是农田害虫，尤以危害水稻为最。我第一次发现的是它的幼虫，在一种非常普通的野草——细毛鸭嘴草上面发现的。直纹稻弄蝶这种被人们大肆宣扬的蝴蝶，翅展的大小只有35~40毫米，在蝴蝶中不算出众。成虫翅面为褐色，前翅有7~8个半透明白斑，排列成半圆形，后翅中央有四个排列成直线的白斑。翅反面色淡，斑纹与正面对应。

　　还有一次偶然的机会我旅行到村庄，在水

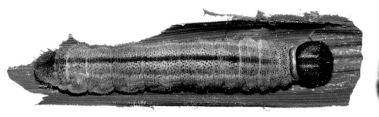

稻田里，轻松找到了直纹稻弄蝶，并对它们进行了观察。直纹稻弄蝶成虫的飞行能力较强，飞行速度较快，雌蝶喜爱挑选生长茂盛、叶色浓绿的水稻，并在叶面上产卵。卵基本上都是散产的，每片叶最多 1~2 粒。但若是它们遇到情有独钟的水稻，产卵的数量也会较其他的多。

卵是黄白色的，呈半球形，幼虫孵化出来以后，多数会选择在叶尖位置做叶巢。待到再长大些后，它们就会将邻近的叶片也粘接在一起，以利于自身隐藏其中。幼虫最大的也仅 2.5 厘米，头部褐色，脸谱上的两条竖纹构成一个"回"字，除头部外，全身黄绿色，布满疣突物，体节两侧皱褶状。待到化蛹前，腹部两侧会变白色，接着会在叶巢里分泌出白色棉状腊质物，并用它做成蛹苞包围住身体，最后通过蜕皮化为黄白色的成蛹。

幺纹稻弄蝶

曲纹稻弄蝶

对直纹稻弄蝶来说，羽化的时候才是真正的考验。因为还没有展开翅膀的直纹稻弄蝶需要在很短的时间内冲破自己做的"牢笼"，不然很可能会影响翅膀成功展开。幸运的是它们中大多数都是能做到的，就好像魔术师表演中脱困一样，不会有什么问题。

每当水稻成熟、收割的时节，直纹稻弄蝶都能看清形势，它会转移至周边地区，以其他的禾本科植物为食，耐心等待新一季的"水稻大餐"。

水稻田中，除了直纹稻弄蝶以外，常见的还有另外两种弄蝶，分别是曲纹稻弄蝶和幺纹稻弄蝶。其中，曲纹稻弄蝶后翅反面有四个斑排成不整齐的波状；幺纹稻弄蝶后翅反面斑纹略微退化，通常有一至两个可见，并散布浅色鳞片组成的晕斑。三种蝶的成虫大小相当，幼虫习性相似，均以水稻为寄主，但水稻并不是它们唯一的寄主。

（刘广）

观察思考

人们一直想方设法消灭危害农田的各种害虫，当然也包括直纹稻弄蝶。直纹稻弄蝶背负着"害虫"的骂名确实不好听，关于这一点，你有什么看法呢？

吸水的蝴蝶

春夏时节，
当你走进山谷，漫步小溪边，
你可能会被突然惊飞的蝶群吓一跳。
蝴蝶不是恒温动物，
它们忍受不了夏天的炎热，
只能吸水降温，
同时补充身体失去的水分，
因此，
不少的蝴蝶喜欢吸水。
常见的吸水蝶种主要有：
凤蝶科、粉蝶科、灰蝶科、弄蝶科及少数蛱蝶科的蝶种。
它们甚至会在溪边集结为数量庞大的蝶群。

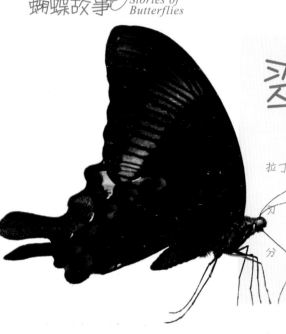

翠玉如镜

——巴黎翠凤蝶

拉丁学名：*Achillides paris*
(Linnaeus)

习　性：访花，吸水，飞行迅速，
　　　　一年多代

分　布：华南、西南各省区，
　　　　东南亚各国

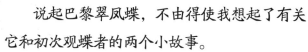

　　说起巴黎翠凤蝶，不由得使我想起了有关它和初次观蝶者的两个小故事。

　　校庆日，我和归校的学生们相聚，他们都是七八年前初中生物兴趣小组的学生，说起我讲过的蝴蝶，都纷纷表示依然记得巴黎翠凤蝶。

　　不久前，我和堂姐说起准备和陈老师合作著书。她竟记得初中时陈老师曾在她班上讲过有关蝴蝶的课，并回忆起巴黎翠凤蝶大致的形态，屈指算来，三十年矣。

　　巴黎翠凤蝶何以这样令人过目不忘呢？

　　巴黎翠凤蝶两翅展开可达100毫米以上，

比其他常见的蝴蝶大。前后翅布满黑色鳞片，看似不显眼，但更能突出后翅中部那翠绿色的闪斑。阳光下，巴黎翠凤蝶经常在盛开的鲜花上吸蜜，翅也在不停地小幅扇动。翠斑在阳光下闪耀，而散布在黑色鳞片中的绿色鳞片也会反射出星点光芒。如此光彩夺目的蝴蝶，给初次观察者留个深刻印象，看来不难吧。

在广州，巴黎翠凤蝶除了最冷的一两个月外，全年可见。它以芸香科的三桠苦为食。这种植物在广州广泛分布，尤其在白云山、龙洞、火炉山一带，三桠苦是常见的灌木。但不要以为它常见，巴黎翠凤蝶的幼虫和卵就容易找到。寄主植物越多，蝴蝶可选择的就越多，有时反而会给我们找卵和幼虫带来麻烦。经过观察，我们发现巴黎翠凤蝶喜欢在 3 米以上的三桠苦

上产卵，在小株的三桠苦上很少能找到幼虫和卵。一般来说，卵会产在嫩叶或芽上。幼虫孵化出来后就以嫩叶为食，蜕皮后不断长大，终龄幼虫可达50多毫米长。不吃叶子时，幼虫喜欢停在叶脉中部，头朝叶柄处。绿色的虫体和叶子浑然一体，不仔细观察还真不容易找到。幼虫长成后就会化蛹，蛹也是绿色的，隐藏在枝条间。经过大约一周时间后，巴黎翠凤蝶就破蛹而出了。

在我国台湾，巴黎翠凤蝶别称宝镜凤蝶，因其后翅那两个翠绿的闪斑而得名。国人以玉为贵，常言道：金有价，玉无价。身嵌两块翠玉的巴黎翠凤蝶，比其他争奇斗艳的蝴蝶更符合中国人的审美情趣，被熟记也是理所当然的。

（杨骏）

观察思考

　　巴黎翠凤蝶那耀眼的翠绿色斑会不会招引天敌？这种凤蝶你在哪里能够见到更多？

半月倩影

——斜纹绿凤蝶

拉丁学名：*Pathysa agetes*
(Westwood)

习　　性：访花，吸水，飞行迅速，
一年一代

分　　布：华南、西南各省区，
东南亚至印度各国

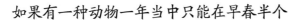

　　如果有一种动物一年当中只能在早春半个月的时间里才有机会见到，其他时间都难觅其踪影，你愿意按时如约去会会它们吗？它们就是全体浅绿色，双翅半透明，身体与双翅都装饰有数条黑色纵纹，后翅中部镶着曲折红线的斜纹绿凤蝶。

　　每年的2月底或3月初，其他种类的蝴蝶还没有出现的时候，这种斜纹绿凤蝶就已经开始出现了。它们出现的时候，也正好是其寄主植物番荔枝科的瓜馥木长出新嫩叶的季节。雄蝶会沿着溪流来回快速地穿梭飞行，而雌蝶一

般只在寄主附近活动，它们找到寄主后，会把腹部插入寄主瓜馥木对折叶柄基部刚刚裂开的嫩叶子中央，在里面产下一个卵，利用对折的叶子夹着蝶卵，把蝶卵很好地保护起来。这种护卵的行为在蝴蝶当中是绝无仅有的。四五天后，幼虫就孵化出来，它们以瓜馥木的嫩叶为食，大龄幼虫会把每一片嫩叶吃到只剩下一点三角形的叶基，然后再爬到旁边的另一片嫩叶上继续进食。经过一个多月的生长发育后，它们会找一个安静的枝条，在上面吐丝，把自己固定好，24 小时后，它们就开始蜕皮化蛹，等到翠绿色的缢蛹成形后，它们就会一动不动地挂在枝条上 10 个多月，就算你去动它，它也不会有任何动静，不会出现其他蝴蝶蛹受到惊扰时腹部会扭动的情况。一直到第二年初春，当气温回升后，这些蝶蛹才会羽化出新一代的成虫，继续繁衍它们的下一代。

与斜纹绿凤蝶近缘的还有同属的绿凤蝶、红绶绿凤蝶等数种绿凤蝶属的种类。这些近缘的绿凤蝶大多分布在更靠近赤道的地区，它们

绿凤蝶

不像斜纹绿凤蝶那样一年只发生一代，它们是一年多世代的种类，在体形上它们也要比斜纹绿凤蝶大一些。其中最常见的是绿凤蝶，这种蝴蝶两翅反面的绿色与橙黄色搭配得恰到好

处，长长的剑状尾突更显飘逸优雅。而红绶绿凤蝶以白色为主，红色的细带纹镶嵌在黑色纵纹当中，显出它们的淡雅与优美。它们都是蝴蝶中飞行速度较快的种类，飞行中的绿凤蝶，你根本看不清楚它们的斑纹，只能看到一道白色的弧线在空中划过。

（陈锡昌）

观察思考

为什么斜纹绿凤蝶要在温度并不高的早春就开始羽化为成虫？修长的尾突会不会影响它们的飞行？

115

蝴蝶故事 *Stories of Butterflies*

相得益"樟"

——青凤蝶

拉丁学名: *Graphium sarpedon*
(Linnaeus)

习　性: 访花，吸水，飞行迅速，
一年多代

分　布: 长江以南大多数省区，
东南亚各国

　　青凤蝶在我国长江以南的各大城市中算得上是很常见的蝶种。我在从化、清远、增城走访其他城镇的时候，总会有意无意地翻看一下当地栽培的樟树或阴香叶片，这时总能发现青凤蝶的幼虫或蛹壳。青凤蝶的成虫也是常常能见到的，它有时喜欢在空旷的区域上疾飞而过；而在求偶、访花时，它的飞行则显得体态轻盈欢快，让人赏心悦目。在求偶时，雄蝶会以雌蝶为中心，环绕雌蝶不停地上下绕圈飞舞，宛如一段优美的空中芭蕾舞表演。仔细观察，能

116

看到它们前后翅均有一列青蓝色的斑纹，从翅膀反面望去，斑纹恰恰组成了一个"L"形，这算是十分醒目的标志了。

你可能还不知道，青凤蝶还有一个别名——樟青凤蝶。在和学生讲课的过程，为了能让学生加强记忆，更容易找到它们，我会特意加上这个"樟"字。毕竟，这可是与它密切相关的寄主啊。青凤蝶的寄主包括樟、阴香、锡兰肉桂、潺槁等，青凤蝶的幼虫非常喜欢吃

这些植物的嫩叶，而这些植物全都是樟科大家族的成员，所以把它叫作"樟青凤蝶"也就不足为奇了。刚提到的这些植物，很多都是在城市中广为种植的，可用于绿化和观赏。从春季到秋季，只要在长有嫩叶的樟科植物上，你就有机会找到圆球形白玉般的卵，若发现了食痕，你还有机会与青凤蝶幼虫来一次亲密接触（末龄幼虫很多时候会栖息在老叶的正面）。除了一、二龄幼虫的身体颜色是黑褐色的外，其他龄期的幼虫身体颜色都是青绿色的，这是在模仿周边环境

的颜色。长得较为粗壮的幼虫，有时候也会换换口味，去吃硬一些的叶片。由于樟科植物叶片含的油脂成分较多，所以幼虫在化蛹之前，都会有一次"清肠便"的行动，它们用拉稀的方式把油脂排出。一个世代，青凤蝶从卵最终变成蛹，历时 20 天。青凤蝶化蛹也很有特点，绿色的蛹除了喜欢在枝叶下缢挂外，也喜欢在墙壁或石阶处竖挂，无论哪种方式，都丝毫不会影响它的羽化。

待到羽化之后，青凤蝶不会忘记回来给它们的寄主采蜜和传粉以作为回报。溪水边、簇花上，往往是青凤蝶流连忘返的地方，这便形成了一道靓丽的风景。而对于城镇中喜爱小动物的孩子们来说，无疑又增添了一种可供观察研究的对象。

(刘广)

观察思考

从樟树中可以提炼制造出樟脑丸这样的驱虫剂来，但青凤蝶幼虫为什么可以照吃不误呢？

特技飞行

——燕凤蝶

拉丁学名：*Lamproptera curius*
(Fabricius)

习　性：访花，吸水，特技飞行，
一年多代

分　布：华南、西南各省区，
东南亚各国

"老师，这里有一只蜻蜓飞得很奇怪，翅上像一卷一卷的。"

"好的，你们今天的目标蝶种来了，注意观察。"

"是蝴蝶吗？怎么能飞得像蜻蜓那样？咦，它真的能悬停！"

不错，确实有飞得像蜻蜓一样的蝴蝶，它就是燕凤蝶，一种拥有特技飞行本领的蝴蝶。

119

它的飞行本领来自于独特的双翅。三角形的前翅很小，展开仅50毫米左右，这使前翅能快速扇动，为飞行提供足够的动力。它的后翅也不大，但有一对长长的尾突，尾突足有50毫米长，使整只蝴蝶看起来像带了一对燕子般分叉的"尾巴"，调节着飞行时的平衡。这使燕凤蝶拥有其他蝴蝶所没有的飞行技巧，它可以在空中悬停，后退飞行，原位三百六十度旋转，这些本领就像蜻蜓一样，飞起来也像蜻蜓，因此它又有"蜻蜓蝶"的别名。如果说别的蝴蝶像普通双翼飞机那样飞，那么燕凤蝶就像直升机那样飞了。

幸运的是，这种特别的蝴蝶并不罕见。它以青藤为食，喜欢在寄主四周活动。青藤是一种喜水向阳的藤本植物。因此在山谷开口、小溪交汇，或是溪流开阔处等水边光线充足的地方，找到燕凤蝶也是不难的。燕凤蝶喜欢把卵产在青藤嫩叶表面。卵黄绿色，半透明，有一圈红色的细纹，如果没有则说明卵是刚产下的，或是未经受精的卵，是不能发育成幼虫的。几天后，小龄幼虫就孵化出来了。小龄幼虫有时会将叶子吃出一个个圆形的孔洞。经过大约两周的生长，幼虫进入终龄了，此时它变成翠绿

色，和叶子的颜色相近，胸部隆起扮成假头，给捕食者一种个体很大的错觉，而真正的头则缩在胸部下。幼虫成熟后，会在叶子的背面化蛹，蛹也是翠绿色的，背面伸出一个短短的角，易于与其他凤蝶的蛹区分。

炎炎夏日，燕凤蝶会聚集在地面吸水，吸水除了能降温外，更为了获取水中的无机盐等物质，用于生命活动。燕凤蝶会把多余的水分排出体外，在身后形成一道细细的水柱。为了捕捉这个喷水的镜头，陈老师可是足足拍了483 张照片。

（杨骏）

观察思考

你认为燕凤蝶与其他蝴蝶最大的差别在哪里？

吾乃青蛇

—— 鹤顶粉蝶

拉丁学名：*Hebomoia glaucippe*
(Linnaeus)

习　　性：访花，吸水，飞行迅速，
一年多代

分　　布：华南、西南各省区，
东南亚各国

鹤顶粉蝶在展开双翅时的宽度达到了80~95毫米，当之无愧地成为国内最大的粉蝶。而"鹤顶"二字也很形象地描绘了它前翅正面明显的三角形赤橙色斑块。在我国台湾，鹤顶粉蝶有一个好听的名字，叫"端红蝶"，与"鹤顶粉蝶"这个名字有异曲同工之妙。鹤顶粉蝶翅膀的反面密布褐色细网纹，这在野外是绝佳的保护色，若它混在枯叶丛中，是很难被天敌发现的。

你可能以为这么大个儿的粉蝶，在城市中是不可能见到的，那你就错了。因为在城市中，

引种栽培了鹤顶粉蝶的一种重要寄主——鱼木，这为鹤顶粉蝶幼虫的生长提供了"口粮"。鹤顶粉蝶成虫天生的保护色，极快的飞行速度，再加上幼虫的一套唬人绝活，为它在城市中容身提供了保障。

　　刚刚孵出的一龄幼虫平淡无奇，甚至可以说是丑陋，全身橙黄色，还长有许多刚毛，可能是体形小的缘故，吃东西的时候总是保持"低调"。可一旦长成三龄幼虫后，它的身体就脱胎换骨般转变成绿色，两对胸足的外侧长出了显眼外突的斑块，分别是蓝、红两色。虽说鹤顶粉蝶平时的运动方式与其他种类的粉蝶类似——缓慢爬行，可是一旦遇到惊扰，其胸部就会迅速膨胀，向上抬起，并左右摇摆起来，硕大的身体再加上那蓝、红两色的斑块，一眼看去就像是一条瞪大双眼的竹叶青蛇（只是不会吐信子而已）。不知情的人看了肯定会吓一跳，这种特殊的唬人方式主要是为了吓退天敌。危险过去后，它的身体会回复原状，仿佛什么事情也没有发生一样。幼虫将要化蛹的时候，它一般选择留在寄主附近，蛹的颜色主要有两种——绿色和黄色。

人们喜爱观赏鱼木的花和叶，再加上鱼木长得高大秀丽，所以高居其上的鹤顶粉蝶幼虫就容易被忽略掉。这就给鹤顶粉蝶创造了理想的生活环境。然而城市绿化中的修剪以及冬季会落叶的情况，也给鹤顶粉蝶造成了一定的影响。我们要思考一下，如何能够达到双赢，让鹤顶粉蝶和鱼木在城市中共同绽放美丽？

（刘广）

观察思考

既然有鹤顶粉蝶这种最大的粉蝶，那自然会有最小的粉蝶，你们想知道它是什么吗？

珍稀联姻

——飞龙粉蝶

拉丁学名：*Talbotia naganum*
(Moore)

习　　性：访花，吸水，飞行迅速，
　　　　　一年多代

分　　布：长江以南各省区，
　　　　　东南亚各国

　　如果你见到一种形态与菜粉蝶非常相似，但体形明显比菜粉蝶要大一些，而飞行速度也比菜粉蝶快一些的白色粉蝶时，请你一定要多留意一下，因为它们并不是菜粉蝶，而是一种比菜粉蝶要稀有的飞龙粉蝶。

　　飞龙粉蝶的雌蝶其实与菜粉蝶的差别还是非常明显的，它的前翅中央有一条从翅基到外缘纵贯的黑色宽带，这是菜粉蝶雌蝶所没有的。飞龙粉蝶的雄蝶很喜欢沿着山谷和小溪流来回

125

穿梭飞行，很多时候，你甚至可以看到这些飞龙粉蝶的雄蝶一只跟着一只，就像排着队一样沿着小溪飞行，这样的情景是不是很有趣?

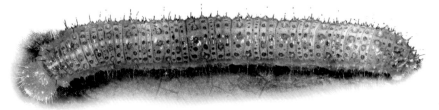

　　说到飞龙粉蝶，就不得不介绍一下它们的寄主植物——一种非常珍稀的国家二级保护植物，伯乐树科的伯乐树。伯乐树在植物分类上属于单科单属单种，在植物界中可算是非常独特的现象。这种树有着大型的羽状复叶，飞龙粉蝶的幼虫正是以它的叶子为食。虽然飞龙粉蝶比菜粉蝶的体形要大一些，但它们的卵则明显比菜粉蝶的要小许多。这些卵就像是水晶一样晶莹剔透，纺锤形水晶般的小卵一粒一粒地分散在伯乐树的叶子底下，四五天后便孵化出体长约为 2 毫米的透明小幼虫。随着幼虫一天天长大，它们的体色开始转为淡绿、灰绿，最后的成熟幼虫体色则变成了浅蓝色，体表也长出了许多疣突和小刚毛，但这些疣突和小刚毛并不会对我们人类构成什么威胁。飞龙粉蝶所化的蛹与菜粉蝶的蛹也有很明显的区别，飞

龙粉蝶的蛹体形更加修长，体色则带点灰褐。

　　有人可能会认为飞龙粉蝶取食的寄主植物是珍稀的伯乐树，那不就是在危害国家二级保护植物吗？请大家不要担心，因为飞龙粉蝶在人类还没出现以前就已经在吃伯乐树了，而且它们只吃掉伯乐树叶子很小的一部分，根本不会对伯乐树的生长造成什么影响，所以我们没有必要把飞龙粉蝶定义为害虫。而且，有它们的存在，对我们寻找伯乐树不是更加方便吗？

（陈锡昌）

观察思考

　　为什么说找到飞龙粉蝶就一定能找到珍稀植物伯乐树呢？我们能否为了保护伯乐树而去消灭飞龙粉蝶？

虫不挑食

——宽边黄粉蝶

拉丁学名：*Eurema hecabe*
(Linnaeus)

习　　性：访花，吸水，飞行迅速，
　　　　　一年多代

分　　布：全球多国

　　蝴蝶的幼虫大多数以植物为食。而它们很多时候却只钟情于一两种植物。这种挑食的情况也是适应环境的结果，毕竟蝴蝶活动能力有限，而植物的分布时常有优势种存在，所以造成了很多蝴蝶只进食一种或几种寄主。人工饲养的过程中，由于条件限制，很多时候我们不能找到与野外相同的寄主来喂养蝴蝶幼虫，这时就要用替代寄主，一般选择同科属的植物。我们发现很多蝴蝶的食性其实是挺广的，多数情况下它们都会进食这些替换的寄主，成功羽

化成蝶。但在野外，它们则不会在这些植物上产卵。

本文的主角宽边黄粉蝶就是个例外，从文献上看，它有记录的寄主就有 60 多种。就广东而言，野外记录到的寄主都有 10 多种，远超过其他蝴蝶。如此广泛的食谱使得它能适应多种环境，因此我们可以在各处看到这种体形不大的黄色蝴蝶飞舞的身影。

早春时，我们就可以看到宽边黄粉蝶出来活动了。它们喜欢沿路边的草丛低飞，飞行的路线固定，但不会呈一直线，多数呈左摇右摆的曲线，并且飞得不快，就像一位舞者踏着欢快的步子缓缓向你走来。它柠檬色的身影在常见蝴蝶中也算得上鲜艳了，它不时还会停在花上吸蜜。遇到寄主，雌蝶就会在上面产卵。由于它的寄主很多，所以初次观蝶或饲养蝴蝶的朋友很容易就能找到它。

宽边黄粉蝶的卵是白色的，大约只有 1 毫米高，两端尖中间宽，表面光滑，像保龄球瓶般立着。在显微镜下还可以看到

卵上面有细纹。卵孵化出的幼虫是绿色的，小龄时与叶子的颜色相近，不易被察觉。随着幼虫渐渐长大，虫体会越来越细长，其头部为白色半球形，而与宽边黄粉蝶很像的檗黄粉蝶幼虫头部却是黑色的，看来区分蝴蝶不能只看成虫呢。宽边黄粉蝶幼虫长成后就会化蛹，蛹是翠绿色的，中部翅芽的地方明显凸起，就像孕妇的肚子鼓起来那样，那是以后发育成翅的地方。经过大约 20 天的幼期，它就会羽化成蝶，蝴蝶的翅除了黄色外，边上还有较宽的黑纹，它也因此得名。

（杨骏）

观察思考

你在山野郊外有没有见过宽边黄粉蝶？你见过它们绿色的幼虫吗？

建筑大师

—— 半黄绿弄蝶

拉丁学名：*Choaspes hemixanthus*
Rothschild

习　性：访花，吸水，飞行迅速，
　　　　一年多代

分　布：长江以南各省区，
　　　　东南亚各国

　　半黄绿弄蝶是一种较大的弄蝶，两翅展开可达 50 毫米，正反面都有放射状的绿色条纹，后翅后部反面有橙红色花纹。虽然半黄绿弄蝶成蝶色彩鲜艳，但在野外却不容易看到，因为它喜欢在晨昏等光线暗淡的时间活动。不过俗话说得好：跑得了和尚跑不了庙。我们在野外寻找半黄绿弄蝶时，经常去找它的"庙"，也就是幼虫居住的叶巢。

　　半黄绿弄蝶以清风藤为食，清风藤喜欢长在水分充足的地方，因此在野外要找半黄绿弄

蝴蝶故事 Stories of Butterflies

蝶，最好到有水的地方看看，如小溪边、山谷下等等。半黄绿弄蝶会将卵产在清风藤嫩叶背面，通常在边缘。放大镜下，白色的卵活像一个包子。经过 4~5 天，一龄幼虫就会孵化出来。幼虫天生就是一位"建筑大师"，它会在清风藤叶子边缘咬出一个缺口，然后沿着缺口用吐出的丝将叶子粘连在一起，形成一个相互覆盖的叶巢，然后自己住在巢中，只有在取食时才爬到外面。当幼虫不断蜕皮长大、巢中住不下时，它就会抛弃旧巢，去筑一个新的大巢，慢慢从"经济适用房"换到"豪宅"。大龄幼虫起房子不忘开窗户，它们的巢往往会有两三个通气用的缺口。终龄幼虫的叶巢可达 70 毫米，它们会直接在巢中化蛹，蛹上沾满了白色蜡质的粉末。叶巢能有效地保护幼虫，让天敌不容易发现它们。这也方便了我们观蝶人。如果能在寄主上找到叶巢，就很有可能找到幼虫，即使"虫去巢空"，我们至少也能知道它们在这里生活过。

很多弄蝶都有筑巢而居的本领，巢的样子也各不相同。例如以芭蕉为食的黄斑蕉弄蝶，它的巢是通过把蕉叶卷起来而筑成的，看起来像一个绿色的蛋卷挂在叶子上。而当我们拆开叶巢时，它会因为受惊而吐出绿色的液体，然后一动不动地装死。这时我们不管它，几分钟后，它就会在叶子边缘吐丝，将叶巢修补起来，而且不一会儿就能修补好了，看来这位"建筑大师"本领不小。另外，姜弄蝶、白伞弄蝶、素弄蝶等常见的弄蝶都有各自筑巢的本领，观蝶者可以很快在它们的寄主上寻找到它们的幼虫。这里提醒大家，许多其他昆虫的叶巢和蝴蝶的叶巢很像，因此打开叶巢的时候一定要小心谨慎，避免被蜘蛛、刺蛾的幼虫等毒物蜇到。

（杨骏）

观察思考

想想弄蝶筑叶巢对它的生长有什么意义？

吸树汁的蝴蝶

如果你认为蝴蝶都只会访花，
那你就错了！
有些蝶种，
你永远都不会在花丛上见到它们。
仲夏时节，
当你走在树林边，
你会在一些大树的树干上遇到一些蝴蝶在吸树汁，
那是留在树洞中的天牛粪便发酵时产生的汁液，
这种带有酒味的树汁是部分蛱蝶科、
环蝶科、眼蝶科及弄蝶科成虫的美味佳肴，
它们甚至会因争夺树汁而"大打出手"。

林中舞者

—— 双星箭环蝶

拉丁学名：*Stichophthalma neumogeni* Leech

习　　性：吸树汁，跳跃式飞行，一年一代

分　　布：长江以南各省区，东南亚各国

　　在粤北南岭的腹地，南岭最高峰的四周，至今还保留着比较完好的天然林，这里也是许多野生动植物生存的最后一片乐土。如果你在初夏的5月底到7月底进入这片天然林，你不难看到一种体形偏大、跳跃式飞行的蝴蝶，它就是双星箭环蝶。

　　双星箭环蝶在南岭是一种比较常见的蝴蝶，它们喜欢在密林中穿梭飞行，由于它们双翅的面积比较大，因此，它们的飞行姿态也很

136

独特。当它们双翅合起时，整个身体就向下掉落，一旦双翅再次张开并向下压时，整个身体则向上弹起。因此，你会看到它就像是在以一跳一跳的姿态向前飞行，这样的飞行姿态有利于它们在茂密的树林之间穿梭前进而不会受到阻碍。双星箭环蝶喜欢吸食天牛在大树干上驻食的树洞中流出的带有酒味的汁液，它们每年只发生一个世代。雌蝶于6月中下旬开始在箸竹的大叶子反面产下十多个排列整齐的、扁球形的、半透明蝶卵，一两天后，这些半透明的蝶卵上会出现一圈深褐色的环带，在众多种蝶卵当中，这种现象还是比较少见的。再过两三天，这些蝶卵便孵化出体长约3毫米的白色半透明小幼虫。随着幼虫的渐渐长大，它们开始变为绿色，并出现红色的侧线纹，而且体表也开始长出许多长柔毛。这些幼虫经过冬眠后再继续生长，直到次年的5月上旬才陆续开始化蛹，它们的悬蛹为绿色或浅红褐色，并且散布有一些小黑点。十多天后，它们便陆续羽化出下一代的新成虫，继续完

成它们传宗接代的使命。

在我国，箭环蝶属还有另外三个蝶种，它们分别是箭环蝶、白袖箭环蝶和白兜箭环蝶，这三种箭环蝶的体形比双星箭环蝶都要大许多，但基本的形态还是非常相似的，只是在颜色和斑纹上有一些区别。它们的发生周期、活动规律以及行为习性与双星箭环蝶也有很多相似的地方。如果你对环蝶感兴趣，请记住，一定要进入茂密的森林，这样才有机会见到这些可爱的森林舞者。

（陈锡昌）

观察思考

为什么双星箭环蝶只能在每年的5月底至7月底才能见到？你见过其他种类的环蝶吗？

幼虫列队
—— 纹环蝶

拉丁学名: *Aemona amathusia*
Hewitson

习　　性: 吸树汁，林下活动，
　　　　　一年一代

分　　布: 华南、西南各省区，
　　　　　东南亚各国

"哇！老师，这叶子下面有好多毛毛虫！"
正在找蝶的学生突然叫起来。

"不认识的先别碰，让我看看。"我小心
拿过叶子，"哦，这是纹环蝶，上面的毛是没
有毒性的。"

学生们都围过来看，胆大的甚至伸出手摸
了一下。

近些年找到纹环蝶的次数越来越少了。纹
环蝶的寄主是肖菝葜—— 一种在树林边缘、路

旁和开阔地生长的攀缘灌木。它比较喜欢凉爽的气候。在广东，北回归线以南没有它的身影，而中部的南昆山和北部的南岭是它的栖息地。

　　纹环蝶会把卵群产在寄主叶子的背面，每群有几十个。幼虫孵化出后也是群聚在叶子后生活。它的幼虫是褐色的，上面有长长的白色细毛。说起这些毛毛虫，人们都会觉得很讨厌，这是因为毒蛾、刺蛾的幼虫身上的毛有毒性，让人敬而远之。但蝴蝶幼虫的毛没有毒性，它们不过是模仿有毒者而已。纹环蝶同样仗着一身假毒毛，聚在寄主表面大摇大摆地吃叶子，当一片吃完后，它们就会转移到另一片上，这时它们不会随便爬过去，而是一只接一只，首尾相连地列队前进。我首次看到这种现象并非在野外，而是在人工饲养的盒子中，它们也会排队前进，但由于空间有限，最后变成在盒子里面不断转圈。

幼虫身上的假毒毛其实不能百分之百抵御捕食者。我曾看过赤红山椒鸟抓住一条毒蛾的幼虫，张口便吞，虽然马上又吐了出来。但鸟儿并没有放弃，它叼着虫子飞到树干较粗的地方，将虫子往树皮上蹭，把毒毛都蹭掉后就吞下了虫子。由此可见，纹环蝶这样装作有毒，也不一定能逃过聪明的捕食者。

纹环蝶的幼虫期很长，我们曾经在早春三月找到过中龄幼虫，推测它是以幼虫过冬的，这在蝴蝶中并不常见。纹环蝶的成虫雌雄各异，雄性较小，颜色偏黄；雌性较大，颜色偏灰。广东南昆山和南岭两地的纹环蝶在形态上也有一定差异，相信是距离太远，基因缺乏交流，开始分化出不同的形态了。

（杨骏）

观察思考

我们知道，蝴蝶幼虫没有复眼，看不到物像。那么纹环蝶的幼虫又是如何列队的呢？

高贵华丽

—— 黑紫蛱蝶

拉丁学名：*Sasakia funebris*
(Leech)

习　　性：吸树汁，林下活动，飞行有劲，一年一代

分　　布：我国特有，长江以南各省区

　　当你走进南岭茂密的天然林中，可能有机会遇到一种体形较大，复眼玫瑰红色而通体及双翅均为黑色，后翅基部有一个红色环形斑的蛱蝶，它就是我国特有的，蛱蝶科中体形最大的，双翅展开可达 130 毫米的蝶种——黑紫蛱蝶。

　　1993 年夏天，我们到南岭进行昆虫生态考察。一天下午，当我们一行人进入一片天然林中不久，便听到"噗、噗、噗"的响声由远而近，大家都抬头往上看去，赫然发现一只全身及双翅均为黑色，并反射出丝绒般光泽的大型蛱蝶飞到了眼前一棵大树主干上的一个流淌着汁液的树洞口。大家都被这只从没见过的硕大蛱蝶那雍容华贵的气质深深震撼了。"刚才那噗、噗的声音是它发出来的吗？""肯定是它发出的声音，不然还会是谁呢？""原来它扇动翅膀时是这么有力量的。"同学们看着这只华丽的黑紫蛱蝶，七嘴八舌地讨论开了……

　　每年的 7 月初，黑紫蛱蝶将卵单粒散产在寄主榆科大叶朴的叶子表面，卵为绿色，呈球形，具有许多纵脊及横向短刻纹。刚孵化出来的小幼虫黑色的头上并没有角，但经过一次蜕皮后头上就会出现两个分叉的角，此时它们的身体为绿色。然而当初冬来临时，它身体的颜色则会变成褐色，这是要进入冬眠的信号，它们会像一堆苔藓一样停伏在寄主的树杈上不吃不动，静静地等待严冬过去。待到新芽再次长出后，它们就会苏醒过来，再一次蜕皮后，它们的头部及身体的颜色会再一次变回绿色，身体的两侧还会出现一些白色的斜纹。最后，它们会蜕变

为绿色侧扁的悬蛹，直到 6 月中下旬再羽化出新一代的成蝶。

与黑紫蛱蝶同属的蝴蝶只有一种，它就是大紫蛱蝶，大紫蛱蝶与黑紫蛱蝶的颜色和斑纹差异极大，双翅为褐色，并具有许多的黄白色斑，雄蝶前后翅基部有紫蓝色并具有金属光泽的大型耀斑。大紫蛱蝶的发生规律和行为习性与黑紫蛱蝶基本相同，它们常常会同时出现在一起，甚至还出现过天然的杂交个体，这在蝴蝶当中是非常值得研究的现象。

（陈锡昌）

观察思考

黑紫蛱蝶为什么喜欢在密林中活动？它们与大紫蝴蝶的天然杂交有可能吗？

南岭紫影
——大紫蛱蝶

拉丁学名：*Sasakia charonda*
(Hewitson)

习　性：吸树汁，林下活动，
　　　　飞行有劲，一年一代

分　布：全国大多数省区，
　　　　朝鲜、日本

"前面的树上有蝴蝶！"

"哪里？"

"在树干上，正在吸食树汁。"

"很大，难道是雌性帅蛱蝶？"陈老师猜测着，"不是吧？！大紫蛱蝶？这不是北方才有的蝴蝶吗？"

1993年7月，我和陈老师走在南岭的山间，第一次在广东记录到大紫蛱蝶。

大紫蛱蝶向北可以飞到辽东，向东可以远渡重洋到日本，向西则可翻山越岭进入

四川，而南岭则是它分布的最南端。虽然更往南的地方也有大紫蛱蝶的寄主朴树，但它却没再往南，大概是不适应亚热带湿热的气候吧。

大紫蛱蝶的双翅展开超过 110 毫米，墨蓝色的翅面上饰有点点白色的斑纹，雄蝶的翅基部还有一大片蓝紫色的闪斑一直扩散到翅的中部，大紫蛱蝶因此得名。大紫蛱蝶喜欢平展着翅在密林的树冠上滑翔，或穿梭于枝条间，不时闪现的蓝紫色使人眼前一亮。它不喜欢吸食花蜜，经常结群吸食树干上流出的腐烂发酵的树汁。

每年的 5 月到 7 月，我们都可以在南岭见到大紫蛱蝶。它会把卵群产在朴树上，我们曾经观察到一只雌蝶在朴树枝条上一次产下 14 颗卵。它的幼虫头部有两个长长的分叉的角，显得很威武。

幼虫经过 3～4 次蜕皮，就迎来了冬天。它不急着化蛹，而是将身体颜色变换成树皮样的棕褐色，停在树干上等待寒冷过去。

到来年春天，它才苏醒过来，
继续进食生长，一直到5月
才化蛹，6月中下旬成蝶。
要在野外观察这类一年一遇
的蝴蝶，得算准时间才行。

体大而美，这使得大紫蛱蝶成为人们
的宠儿，蝴蝶标本工艺品中常常能见到它
的身影，在日本，它更被选定为国蝶。可
惜的是，近些年在南岭见到大紫蛱蝶越来
越难了。你们到底怎么了？我知道，即使
你凋零了，也会在化为尘土前，留下一抹
紫闪在人们的眼中。

（杨骏）

观察思考
大紫蛱蝶为什么一年只发生一个世代？
它们是以什么虫态度过严寒的冬季？

147

黑白分明

—— 傲白蛱蝶

拉丁学名: *Helcyra superba* (Leech)

习　性: 吸树汁，飞行迅速，一年一代

分　布: 我国特有，长江以南各省区

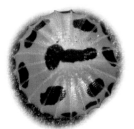

绝大多数的蛱蝶都有着斑斓的色彩。但在蛱蝶科这个大家庭中，却有一种蛱蝶非常突出，它们没有艳丽的色彩，全身各处仅有黑与白这两种极端的颜色。它们就是蛱蝶科中最为奇特的傲白蛱蝶。

傲白蛱蝶的成虫除了全身只有黑白两种颜色之外，其实并没有其他特别之处，只是在色彩斑斓的蛱蝶科中才会显得如此独特。傲白蛱蝶的幼虫倒是有着其他蝶种幼虫所没有的独特之处。傲白蛱蝶的成虫

每年 6 月中旬开始出现在森林中，随后雌蝶便会在寄主朴树的叶子下面单独产下一个直径约 1 毫米，表面具有一些纵棱的圆球形蝶卵，一天后便会显示出一些深褐色圆斑。几天后，卵便孵化出体长约 3 毫米，具有黑色圆形头部的乳白色小幼虫。而这些小幼虫在一次蜕皮后，头上就会长出两只小角，再经过一次蜕皮后，头上的角便会长得更长，并开始出现像鹿角一样的分叉。它们在寄主叶子的背面吐丝结成一块丝垫，并使叶子向叶面方向凹陷形成叶巢，幼虫们就在这些叶巢当中栖息。

冬天，当你走进山林中，便会看到不少落叶后的树，其中有一些树上，还挂着一些干枯卷曲的叶子，就算是风吹雨打，这些叶子都不会掉落。其实，这些正是傲白蛱蝶的幼虫吐丝捆绑在枝条上的叶巢，它们不会让叶子因为冬季这一自然规律而掉下来。干燥卷曲的叶子，正好把体色如枯叶一般的幼虫卷在其中，从而使之不会受

到冰雪的伤害，安全地度过整个寒冬。幼虫们不吃不动地在干枯的叶子中等待严冬的过去，直至来年春天气温回升，新的叶子再次生长出来的时候，它们才会苏醒过来，重新爬到新的叶子上进食并继续生长。5月初，当幼虫们开始进入终龄时，它们头上的角会变得更长，而身体则变得更加宽扁，背部中央则隆起，如小山一般，体色也开始转为绿色，这种怪异的体形在蝴蝶幼虫中应该说是非常少见的。当幼虫成熟后，它们便会在叶子背面化为浅绿白色的悬蛹，直至孵化为新一代的成蝶。

当你看到一只仅有黑白两色的蛱蝶停在叶子底下，并且不时地移动着它的身体时，请注意，这是傲白蛱蝶的雌蝶正在叶子底下产卵，它们不像凤蝶那样边飞边产卵，而是完全停在叶子的底下才会开始产卵，这也是蛱蝶与凤蝶产卵行为上最大的区别。

（陈锡昌）

观察思考

傲白蛱蝶的幼虫为什么要把叶巢所在的叶子捆绑在枝条上，不让其落下来？

伪装大师

——枯叶蛱蝶

拉丁学名：*Kallima inachus*
Doubleday

习　　性：吸树汁，飞行迅速，
一年多代

分　　布：陕西以南各省区，
东南亚各国

　　有那么一种蛱蝶，如果它出现在各大蝴蝶标本展览中，你一定会惊叹，它是一个非常出色的伪装大师，它真是太像枯叶了。这样的伪装高手人们怎么可能会发现它们的呢？其实你在这些标本展览中所看到的都是人为安排的结果，并不是它的全部，所以你才会有这样的误解。人们对它在大自然中的行为了解得太少了。它就是赫赫有名的拟态专家——枯叶蛱蝶。

枯叶蛱蝶的外形和它们双翅反面的颜色以及斑纹的确与枯叶非常相似，完全可以达到以假乱真的地步。如果告诉你其实枯叶蛱蝶在自然环境中并不难找到，甚至可以说是非常容易发现，你会相信吗？不相信吧！那就让我细细道来：

枯叶蛱蝶虽然长得很像枯叶，但它们却很少出现在落叶堆中，而是非常喜欢停在绿叶表面和大树的树干上。当它们停在绿叶上时，往往是为了等待异性的出现，好完成它们传宗接代的使命。而当它们停在大树树干上时，它们基本是在吸食树汁，以填充它们饥肠辘辘的肚子。试想想，它们在这样的环境中出现，你还会很难发现它们吗？

枯叶蛱蝶的寄主是爵床科马蓝属及其近缘的多种植物，它们大多数是比较低矮的草本及半灌木。雌蝶会在这些寄主植物

上产卵，卵呈绿色球形，并有多道纵脊。而它们的幼虫身上会长出许多带刺毛的肉棘，头上也有两个带刺的长角，然而尽管它们的身体上有着许多毛刺，却不会伤害到我们人类的皮肤。经过近两个月的生长发育，枯叶蛱蝶的幼虫就会蜕皮化蛹，蛹为灰褐色，就像是一片卷曲的枯叶一样，腹部背面还长有一些短刺，当它成熟后，新一代的枯叶蛱蝶就要羽化出来了。

　　枯叶蛱蝶高超的伪装术在蝴蝶中最为独特，与它们相似的，同样具备伪装的蝴蝶还有少数的几种，例如蠹叶蛱蝶等，但它们的伪装水平远比不上枯叶蛱蝶，无论在翅形与斑纹上都比枯叶蛱蝶要逊色不少。

（陈锡昌）

观察思考
　　枯叶蛱蝶为什么不充分利用它们与枯叶极为相似的伪装？这对它们的生存会造成影响吗？

雄小豹蛱蝶

屡败屡寻

—— 小豹蔚蛱蝶

拉丁学名：*Lexias pardalis* (Moore)

习　性：吸腐果树汁，林下活动，一年多代

分　布：华南、西南各省区，东南亚各国

在广东一些南部城镇的郊外地区，有机会见到一种大型的蛱蝶——小豹蔚蛱蝶。它雌雄异型，雌蝶的黑色翅膀正面密布着排列整齐的黄色斑点，雄蝶近似绿裙边翠蛱蝶，翅膀正面为黑色，前后翅的后缘处多加了耀眼的浅蓝色纹路。

虽说小豹蔚蛱蝶成虫体形较大，但想要寻找它的卵和幼虫却是很不容易的事情。为了能观察并记录到它的生活史，我曾六次外出寻找，历时五年，这才终获成功。第一次寻找是在高州，路上只要见到小豹蔚蛱蝶的寄主，就要逐片叶

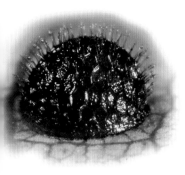

子翻来看。它的寄主是黄牛木，一种开红色小花的小乔木。很幸运，我在叶背找到了小龄幼虫，它的外形很像刺蛾的幼虫。就是因为这种长相，让人和其他动物都畏它三分，实际上，它身上这些棘刺并没有毒，我们用手直接摸也不会有任何不良反应。可惜这条幼虫不久后便死了。

第二次，经朋友指点，我在珠海找到了小豹蛱蝶的卵。卵在叶背，用放大镜观察，像一粒布满小刺的褐色半球形果冻。我将其带回家中，就用本地的黄牛木饲养，凡是叶片上的尘土，都要先用干纸巾擦去。就这样顺利地养到了五龄，此时幼虫全身绿色，身上的主棘刺会分生出一百来根小棘刺。可惜的是，就在有希望化蛹时，幼虫却无故染病死去了。

第三次至第五次，我都是去珠海寻觅，因为种种原因还是无法养成。直到第六次，看到末龄幼虫爬到盒顶预蛹时，我悬着的心总算放下来了。悬蛹好似绿色的小粽子，中段的红线格外醒目，十天以后，美

丽的成虫破蛹而出。2013 年 4 月，广州第一次发现了美丽的小豹荩蛱蝶，这意味着以后再也不用去珠海寻觅它们了，也标志着广州蝴蝶增添了一个新纪录！

查阅小豹荩蛱蝶以往的记录（包含照片），发现了它从南向北，沿一定纬度线向东扩散的规律。据 1994 年《中国蝶类志》的记录，小豹荩蛱蝶分布在一些东南亚国家，中国仅云南和海南有分布。随着蝶类爱好者队伍的壮大，有了更为详细的观察，小豹荩蛱蝶的分布点逐渐增多。广西的南宁市上思县都有发现小豹荩蛱蝶的记录，广东最早的记录是 1998 年的电白，随后在高州、阳江、江门、珠海和广州也有了发现。查看地图，这些城镇均处在北回归线以南，有着相近的纬度。

（刘广）

雌小豹荩蛱蝶

观察思考

小豹荩蛱蝶是一种热带蝶种，如今它们在广州安家落户，说明了什么？

"斑"门弄爷

——芒蛱蝶

拉丁学名：*Euripus nyctelius* Doubleday

习　　性：访花，飞行迅速，一年多代

分　　布：长江以南各省区，东南亚各国

芒蛱蝶是有名的贝氏拟态蝶种。其成虫模拟斑蝶的模样，两翅蓝黑色，雄蝶各翅室均有淡青色斑，翅反面褐色，模拟青斑蝶；雌蝶淡青色斑极少，模拟紫斑蝶。

可芒蛱蝶确确实实是蛱蝶中的一员，而不属于斑蝶家族。先从成虫来说吧，芒蛱蝶雌雄成虫都长了一对另类而且非常酷的黄色复眼，这在蝴蝶中是极其少见的；从飞行姿态上看，芒蛱蝶喜爱振翅疾飞，斑蝶却爱缓慢飞行；从饮食上看，芒蛱蝶偏好

在寂静隐秘的一角吸食腐果或树汁，斑蝶则喜爱在花间吸食花蜜；相比斑蝶漂泊迁飞的习性而言，芒蛱蝶更喜欢在本地驻守。

再比较一下蝶卵，你会发现，斑蝶的卵基本上为瓶状，卵壳表面布有众多凹坑；而芒蛱蝶的卵近似球形，表面布着许多纵棱。就卵的大小而言，芒蛱蝶的卵要比斑蝶的卵小一些。

然而对比一下寄主和幼虫。斑蝶的寄主基本上都是萝藦科、夹竹桃科这一类的有毒植物，而芒蛱蝶的寄主是榆科的山黄麻，无毒且可做药用，也有鸟类喜欢取食其果实。正因为如此，斑蝶幼虫体内会积聚毒素，而芒蛱蝶幼虫体内无毒。它们幼虫的模样差别也很大，斑蝶幼虫体形为直上直下的圆筒形，长有天线状的肉棘，身体布有色彩醒目的斑纹；芒蛱蝶幼虫的体形为蛞蝓型，头上长有一对"犄角"，身体颜色为绿色。与斑蝶幼虫相比，芒蛱蝶幼虫更喜爱在叶片的正面编织丝垫，作为休息、避风之地。芒蛱蝶幼虫只要原地不动，很难被发现的。

最后对比一下成蛹。斑蝶和芒蛱蝶的蛹都属悬蛹，仅靠蛹部的末端与枝叶相连。但形态上却差别很大，斑蝶的蛹形似花生果实，而芒蛱蝶的蛹形似侧扁的弯月，表面还铺有蜡质防水层。

所以，如果说芒蛱蝶模拟的对象是斑蝶，简直就是在"斑"门弄斧。但不得不说，芒蛱蝶也有其强大的地方，除了模拟的伎俩以外，它有强大的繁殖力和数量众多的寄主。我曾亲眼见过，芒蛱蝶数量多的时候，一株比人还矮的小树上就栖身了十几条幼虫，而且沿途比比皆是。

（刘广）

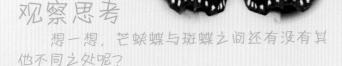

观察思考
想一想，芒蛱蝶与斑蝶之间还有没有其他不同之处呢？

159

雄相思带蛱蝶

说黄道黑

——相思带蛱蝶

拉丁学名: *Athyma nefte* Cramer

习　　性: 访花，吸水，滑翔飞行，一年多代

分　　布: 华南、西南各省区，东南亚各国

　　走在林荫小道上，你有机会见到一种黑色的中型蝴蝶，它时而翩翩起舞，时而伏地吸食，时而驱赶附近飞过的其他蝴蝶。它平日爱展开翅膀，我们可以观察到它的前翅中室白斑断成四段，横列斑白色，顶角斑赭黄色，后翅中横带白色。在同样的生境中，另外还有一种赭黄色的中型蝴蝶正在忙于寻找寄主产卵，全身斑纹与前者相仿，仅是色彩换成了赭黄色。若不是经验丰富的人告诉你，它是相思带蛱蝶的雌

蝶，你恐怕会把它看作是另一种蝴蝶。事实上，以前也确实有人犯过这种错误，将雌蝶当成新种发表了。

有人也许会说，它们也太没有夫妻相了吧。有一种解释或许讲得通，就是雄蝶总是炫耀艳丽的色彩来吸引雌蝶，而雌蝶总是在想办法隐蔽自己以便于产卵繁殖，这大概就是为什么雌雄不同型的缘故了。新人学认蝴蝶已经不容易，更何况遇到诸如"带环线"这一类蛱蝶的时候，绝对会让你患上恐惧综合征的。黑白线条的不同搭配是这一类蛱蝶的主潮流，而相思带蛱蝶只不过是这个类群中的一种。据说带蛱蝶翅型呈钝三角形，环蛱蝶、线蛱蝶翅型相对较宽，但这也只是略分个大体出来。而"雄黑雌黄"的带蛱蝶，除了相思带蛱蝶以外，还有好几种，如双色带蛱蝶。你要是看过之后，很可能会问，这是不是在玩找碴儿游戏啊！

雌相思带蛱蝶

如果你还是对着"带环线"三类蛱蝶成虫发呆的话，建议去看看它们的幼虫吧，这绝对有意思多了。"带环线"三类蛱蝶的寄主各异，幼虫也各有特色。一般来说，环蛱蝶、线蛱蝶幼虫的

头部呈三角形，而带蛱蝶幼虫的头部呈圆形。相思带蛱蝶幼虫长的是标准的"圆脸"，脸庞当中位置长有黑、白两种疣突，在外围还布了一圈短棘刺，身体背部也长有棘刺。相思带蛱蝶幼虫走路的时候不喜欢急行，而是缓步徐进，进食也很有特点，喜欢把叶片前端啃食掉，只留下叶片的主脉，而自产的"大肠金"也会堆积在咬痕附近，以利于伪装自己。它在即将化蛹前，全身颜色会由绿变黄，最终在叶底成蛹。蛹放置在阳光下还会有金色闪光。

（刘广）

观察思考

从"带环线"这三类蛱蝶成虫的黑白斑纹上，你能找到它们各自的特点吗？

广布半球

—— 大红蛱蝶

拉丁学名：*Vanessa indica*
(Herbst)

习　　性：访花，飞行迅速，
　　　　　一年多代

分　　布：国内大多数省区，
　　　　　亚洲、欧洲、北美多国

　　我们经常提及某种蝴蝶分布广，这很多时候是就同一气候带或相邻的气候带而言的。而大红蛱蝶在整个北半球大陆都有分布，并且常见，其他蝴蝶的扩散能力与其相比，便是小巫见大巫了。

　　大红蛱蝶虽然名字里有个"红"字，但翅上有红色的地方却不多，仅在前翅中部和后翅边缘才有。它的前翅顶角是黑色的，上面有白色斑纹；后翅除边缘外大部分是褐色的。翅反面颜色较浅，花纹和正面相对应，并多出不少大理石样的白色斑纹，显得很斑驳。

大红蛱蝶的幼虫以各种荨麻科植物为食。雌蝶喜欢把卵产在嫩叶的边缘。刚产出时，卵是浅绿色的，随着卵不断成熟，颜色渐渐变深。几天后就会孵化出黑色的幼虫。幼虫身上长有分叉的毛刺，乍看上去觉得不可侵犯，其实这和其他蝴蝶幼虫的刺一样，只是装个样子罢了，对我们没有任何伤害，用手摸也没问题。一般说来，蝴蝶中除弄蝶外，幼虫都不会编织叶巢保护自己，而大红蛱蝶是个例外，它能像弄蝶那样编织叶巢，像包饺子那样，把寄主叶子作为饺子皮，两面对折，然后用吐丝黏合起来，自己则作为饺子馅藏身其中，黏合处还会留有缝隙，方便日后成蝶羽化而出。这能很好地保护幼虫，我们寻蝶人也可以根据这个"饺子叶"很快找到它。

虽说斑蝶成虫寿命长，又有长途飞行能力，但它们的分布仍不及大红蛱蝶广，这是为何呢？大红蛱蝶的寄主分布比斑蝶的更广，根据地区不同，大红蛱蝶会取食不同种类的荨麻科植物。大红蛱蝶对气候的适应力也很强，曾经有北方的蝶友找到过被冰封的蛹，融雪后仍能正常羽化，在炎热的广东南部的荷包岛也能正常繁殖。一般而言，它更喜欢平均 20 摄氏度左右、比较凉爽的气候，所以在广州地区，春、秋甚至冬季更有可能找到大红蛱蝶，而在广东北部的南岭山脉则常年都有分布。

（杨骏）

观察思考

在广州，为什么只能在冬天才能见到大红蛱蝶？你见过大红蛱蝶幼虫的叶巢吗？

林下的蝴蝶

如有那么一类蝴蝶，
它们经常出没于密林下，
很少出现在开阔的地域。
在林下的落叶堆上，
不时会有不起眼的蝴蝶惊飞起来。
它们就是眼蝶科、环蝶科的大多数成员。
这类蝴蝶并没有鲜艳的色彩，
它们以不起眼的灰褐色藏身于落叶堆、
草丛、灌木下，不容易被天敌发现，
这样才能更好地保护自己，
它们也是最不为人熟知的一类蝶种。

向北迁徙

——串珠环蝶

拉丁学名：*Faunis eumeus*
(Drury)

习　　性：吸腐果树汁，林下活动，
一年多代

分　　布：华南、西南各省区，
东南亚各国

　　2010年6月，我在珠海东澳岛的一次旅行中，获得了一次近距离观察串珠环蝶的机会。虽然几年前在大夫山也曾见到，但相比起来，这次串珠环蝶的数量多太多了，用行话来说，它就是这座岛上的"菜蝶"。和一般的凤蝶、粉蝶不同，它不爱访花，而是喜欢飞到地面上，吸食人们丢弃的水果。正因为这样，我们才能更清楚地看到成虫的样子：它翅膀的正面赭色，翅外缘呈圆弧状，前翅顶角处为棕黄色，两翅反面呈黄褐色，两翅中域均有一串黄白色的圆斑。它的蝶名

也由此而来。另外，它那一对深蓝色复眼也很独特。

由于岛上串珠环蝶非常多，我们也开始留意寻找它的寄主——肖菝葜，一种藤本植物，会借助树木攀爬到更高位置的植物。它植株繁茂，叶片宽大，在其中一株上随手一翻，就发现了叶背的蝶卵。一片叶子的背面集中排列着30粒卵，因为幼虫即将孵出，所以能很清楚地看到它黑色的头部，但也有一些卵是被寄生的，所以呈现的是混浊的灰黑色。幼虫出卵壳后，除头以外其他部分都是白色的。一旦其中一条幼虫开始在叶缘处进食，其他的幼虫也会跟着在同一处进食。它们吃的时候在一起，休息的时候在一起，蜕皮的时候也在一起，若是要转移到另一片叶上，幼虫就会头尾相接着前行。不过很可惜，幼虫们就连生病也是一起生病，它们还没有长大就被不明疾病夺去了生命。还有一次我在一株叶片被啃光的肖菝葜上，找到了唯一的一条末龄幼虫，这才看清楚它的最终模样——全身红褐色的，披有长长的白毛，黑色的头部向上分出了两只小犄角。化蛹之前，它身体颜色会转变成半透明的黄绿色。成蛹是青绿色的悬蛹。

1994 年的《中国蝶类志》就已经收录了串珠环蝶，这可以算是串珠环蝶最早出现的记录。1997 年，有人在我国台湾地区首次发现了串珠环蝶。从它的分布范围来看，串珠环蝶分布的最南部是一些东南亚国家，然后就是广东、海南等地，也就是说，串珠环蝶正有向北迁徙的趋势。在更北的地区，分布着一种与串珠环蝶同属的灰翅串珠环蝶，它比串珠环蝶更加耐寒。

（刘广）

观察思考

串珠环蝶的向北迁徙，说明了什么问题？你还知道有什么蝶种是向北迁徙的？

草食木衣

—— 暮眼蝶

拉丁学名: *Melanitis leda*
(Linnaeus)

习　　性: 吸腐果树汁，林下活动，
一年多代

分　　布: 长江以南各省区，
东南亚各国

　　在蝴蝶的小小世界中有这样的一类小萌物，如果你不去把叶片的背面翻过来，那你想看到它们是基本没戏的。它们总是三五成群聚在一起，翠绿色的身体，头顶上长出的比"脸"还要长的毛茸茸犄角，再加上那副呆瓜般的"脸谱"（居然还有黑脸和绿脸之分），绝对能把你萌翻了。它们就是暮眼蝶的末龄幼虫。

　　如果这样的幼虫你都不感兴趣的话，那就看看它的成虫吧！暮眼蝶成虫前翅正面棕褐色，前端顶端具有由橙色、黑色和两个白点组

成的眼斑，两翅的反面是暗淡的黄褐色，搭配着众多的黄褐色细纹，亚外缘有一系列眼斑。随着季节的变化，翅膀反面的颜色和斑纹也会发生变化。怎么样，前后对比之下，你是不是觉得幼虫可爱多了？

说它们是草食木衣的蝴蝶，一点也不为过。

刚刚孵出的幼虫，头上还没有长出卖萌用的犄角，就已开始以它身处的植物为食了，从常见的野草——荩竹、芒草、象草，到与人关系密切的薏苡、玉米，它们都不挑剔。甚至出现了有人用竹叶喂食，并取得成功的例子。由于幼虫喜欢群栖在一起，所以在食物资源不充足的情况下，无论叶子老、嫩，还是已经发黄变烂，它们都会照啃不误。为了躲避天敌，它们从小到大的社交活动都是在叶子背面进行的。到了老熟的时候，它们喜欢在叶底化蛹，变化成的翠绿色的蛹再加上所依附的叶片，就仿佛刚长出的新芽。刚羽化出来的成虫，停在蛹壳下时静止不动，就像枯叶一般，若再加上周围树木的枝条，这伪装可谓是天衣无缝。

雌睇暮眼蝶

在野外，还有一种与暮眼蝶相近似的蝴蝶——睇暮眼蝶。两者的形态、寄主、习性都非常相似，成虫活跃的时间也都是近全年。这两种蝶的卵都是群产的；睇暮眼蝶的幼虫与暮眼蝶的相似，只不过前者犄角为黑色，后者为红色；睇暮眼蝶与暮眼蝶的成虫相比，前者比后者颜色更深，更有光泽。正因为两者相似，所以也曾出现过同一窝带回来的幼虫，到最后羽化出两种蝴蝶来的情况。

（刘广）

雄睇暮眼蝶

观察思考

　　暮眼蝶名字中"暮"的由来，据说与它喜欢在黎明和黄昏时分活动有关系。请观察验证一下到底是不是这样的。

173

水晶之卵

——曲纹黛眼蝶

拉丁学名：*Lethe chandica* Moore

习　性：吸树汁，林下活动，一年多代

分　布：长江以南各省区，东南亚各国

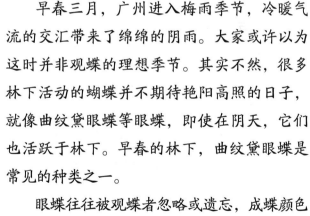

　　早春三月，广州进入梅雨季节，冷暖气流的交汇带来了绵绵的阴雨。大家或许以为这时并非观蝶的理想季节。其实不然，很多林下活动的蝴蝶并不期待艳阳高照的日子，就像曲纹黛眼蝶等眼蝶，即使在阴天，它们也活跃于林下。早春的林下，曲纹黛眼蝶是常见的种类之一。

　　眼蝶往往被观蝶者忽略或遗忘，成蝶颜色不鲜艳，又经常活动于密林下，不容易被发现。这就像在茫茫人海中寻觅一样，外貌出众者固然让人过目不忘，然而有些人的闪光之处却难以让人一目了然。曲纹黛眼蝶正是如此，成蝶那深褐色的外表掩盖了它的出众之处。
若能跟踪雌蝶于竹林处，就很可能找到
它的卵——如水晶般晶莹剔透的卵，
卵在翠绿的竹叶映衬下显得特别耀眼，
足以一扫在梅雨天"难觅一蝶"的不快。

　　蝶卵中大部分都是营养物质，以供胚胎发
育所需，它能进化得如此透明，估计是为了模
仿水珠而不被发现的结果，大自然的神奇让我
不得不膜拜啊！随着胚胎渐渐发育成熟，卵的
透明程度会下降，几天后，幼虫孵化前，卵会
变成乳白色，透过卵壳就能看到幼虫的头部。
幼虫破壳后以竹叶为食，形态上有眼蝶的独到
之处，尾部一般有左右两条尾须，头部长有左
右两个角，两角叉开。细长的虫体是绿色的，
它喜欢躲在竹叶背部。经过大约 30 天的幼虫
时期，曲纹黛眼蝶就发育成熟，它会停止进食，
找一个隐蔽处化蛹，与其他蝴蝶一样，它化蛹

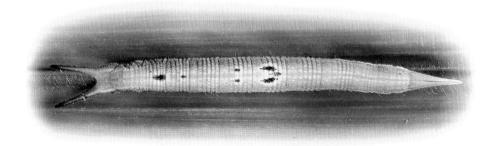

一般不会在寄主植物上，而是在寄主植物周边。我们曾经观察到宽尾凤蝶在距离寄主 30 米外的地方化蛹。

经过大约一周，蛹就会成熟，渐渐由翠绿色变成黑色，当我们可以在蛹的翅芽处看到翅的大概花纹时，就预示着蛹很有可能在 24 小时内羽化，这时我们会架起相机静静等待，那些它们刚羽化的照片就是这样得来的。

羽化出的曲纹黛眼蝶喜欢在竹林下活动，它们的雌蝶比雄蝶稍大，雌蝶偏棕红色，前翅多出几个白斑，活跃的范围没有雄蝶广。

（杨骏）

观察思考

曲纹黛眼蝶的卵这样透明，卵中有没有胚胎？这样透明有什么意义？

竹下产卵

——蒙链荫眼蝶

拉丁学名: *Neope muirheadi*
(Felder)

习　　性: 吸树汁，林下活动，
一年多代

分　　布: 长江以南各省区，
东南亚各国

"老师，有只蝴蝶停得很奇怪？"

"怎么个奇怪法？"

"它卡在竹子中间了，不知道能不能飞出
来呢？"

我连忙走过去，看到一只蒙链
荫眼蝶停在竹子靠根部，真的像卡
在枝条间了。

"大家别惊动它，注意看，好
戏即将开场。"我连忙指导学生在
外围用望远镜观察。

大约1分钟后，它开始将腹部
弯向竹叶的下面。

我告诉学生："蒙链荫眼蝶开始产卵了。"

由于产卵的位置靠近地面，并且有枝条遮挡，不少学生趴在地上找合适的观察角度。

"老师，它产完卵怎么还不飞走，刚才我看到宽边黄粉蝶产完卵就飞走了。"

"大家看它产卵的数量。"我提醒学生。

"看到了，产下3颗卵了。原来蒙链荫眼蝶是群产卵的呢。"学生们开始相互交流。

火炉山的山路本来不宽，我们十多人在路边停留了几分钟，过往的路人开始问学生们在看什么。学生们指着蝴蝶，并拿出图册向路人说明看到了什么蝴蝶。

蒙链荫眼蝶一共产下了35颗卵，历时5分30秒。

眼蝶偏爱竹子，不少都以竹叶为食，并且在竹林下活动。蒙链荫眼蝶以粉箪竹为食，这种竹子在广州野外很常见，竹竿上有一些白色蜡质，十分容易辨认。蒙链荫眼蝶将卵群产在竹子嫩叶的背面，排列整齐，一般每次会产几十颗卵。卵是乳白色半透明的，就像绿玉盘上放了珍珠一样。

蒙链荫眼蝶的幼虫是褐色的，也像卵一样群聚，生活在竹叶的背面，一直到终龄才分开到不同的叶子上。它的蛹不像其他眼蝶长着角，而是浑圆的、深褐色，悬挂在竹子或附近的植物上。

蒙链荫眼蝶是早春常见的蝴蝶，这个季节它们很活跃，经常在山路的两旁飞舞，而深褐色的"外衣"能让它很好地隐藏在地面枯枝落叶中，我们观蝶时很难发现它，总是在走近时，将它惊起，才能发现。

（杨骏）

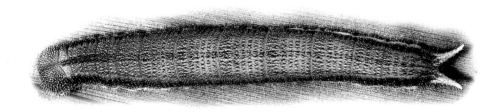

观察思考

群栖的蒙链荫眼蝶幼虫到最后为什么要散开独自生活呢？

被指为害

—— 小眉眼蝶

拉丁学名：*Mycalesis mineus*
(Linnaeus)

习　性：访花，吸果，林下活动，
　　　　一年多代

分　布：黄河以南各省区，
　　　　东南亚各国

　　不知道你有没有听说过一种名叫稻眉眼蝶的蝴蝶？稻眉眼蝶有时会以水稻作为它们的寄主，因此，人们将它们视为危害农作物的害虫。但是由于许多人对蝴蝶的不了解，人们也会将一些近似的蝶种全部当成危害农作物的害虫。其实很多蝶种都是"有冤无处诉"，它们从来不去危害农作物，只是因为与危害农作物的蝴蝶形态相似的原因，就被人误认是害虫，从而非要把它们赶尽杀绝不可。

　　小眉眼蝶，一种中小体形的眼蝶，全身灰褐色，双翅反面近外缘有一列眼斑，眼斑内侧还有一道长带纹（眉纹），它们并不漂亮，也很难引起人们的注意。但就是这样不起眼的小眉眼蝶却也被牵连而成了"含冤者"，因为它们的外形与稻眉眼蝶有几分相似，很多没有学过蝴蝶分类的人无法分辨两者，因此将小眉眼蝶当成偶尔会危害水稻的稻眉眼蝶，小眉眼蝶和稻眉眼蝶被统称为稻眼蝶，这样使小眉眼蝶陷入了被人为消灭的危险状态。其实小眉眼蝶并不危害水稻，它们以禾本科的芒草为寄主。雌蝶会在芒草的叶子反面单独产下一个白色半透明、直径约 1 毫米的球形蝶卵。三四天后，卵就会孵化出褐色、体长约为 3.5 毫米的小幼虫，随着幼虫一天

天长大，最后变成体长近40毫米、全身长满疣突和小刚毛的成熟幼虫。接下来，幼虫便蜕变成一个绿色的悬蛹，经过近十天的时间，蝶蛹羽化为下一代的成虫，成虫展开它们的双翅，飞舞在灌木草丛之上，寻找它们的另一半，并寻找寄主芒草，繁衍更多后代。

眉眼蝶属是一个不小的家族，仅在我国境内就分布有二十多个蝶种，它们都有一些相似的地方，不了解蝴蝶的人确实不容易区分这些不同的种类。由于眉眼蝶中的稻眉眼蝶偶尔会危害水稻，因此牵连了整个眉眼蝶属成为农民灭杀的对象，这多少会让人感到唏嘘。为此，我们是否应该学习分辨它们的方法，以免伤害无辜呢？

（陈锡昌）

稻眉眼蝶

观察思考

我们人类有必要去消灭一些偶尔危害农作物的昆虫吗？我们能不能换一个视角去看待这些与我们生存在同一个星球的生物？

八眼小子

——矍眼蝶

拉丁学名: *Ypthima balda*
(Fabricius)

习　　性: 访花，林下活动，
一年多代

分　　布: 长江以南各省区，
东南亚各国

矍眼蝶生活在路边的草丛中，很容易就会被观蝶者发现，因此经常成为初学者看到的第一种眼蝶。

说起眼蝶，不是说它们的眼睛有什么特别之处，而是说它们翅上会有一些模拟眼睛的眼斑。眼斑通常由3圈组成，最外一圈很窄，勾画出眼睛的轮廓；中间一圈最宽并且颜色较深，模拟眼中的虹膜；里面一圈最小，通常是一个小点，模拟眼中的瞳孔。如果没有里面一圈，

183

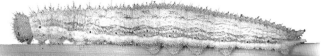

或者里面一圈较大，则一般不称为眼斑而称为环斑，环斑并非眼蝶的特征，而是环蝶的特征。矍眼蝶最明显的特征就是后翅反面外缘有六个眼斑，这六个眼斑有大有小，其中下面的两个最小，很容易被人忽略。这六个眼斑再加上前翅反面的一个眼斑和本来的眼睛，从侧面看，矍眼蝶就有八只眼睛了。这么多眼睛对矍眼蝶有什么好处呢，毕竟只有一双眼睛可以看到东西。

其实，多出的眼睛就是为了迷惑敌人。蝴蝶是很多食肉类昆虫和鸟类的猎物。捕食者讲究效率，攻击头部可以有效防止猎物逃跑，因此眼蝶的眼斑就是用来迷惑捕食者，让它们分不清头尾的。眼斑多的部位其实是尾部，如果捕食者攻击那里，矍眼蝶最多会牺牲翅膀的边缘，而不至于危及生命。我们在野外经常能看到有的眼蝶翅上眼斑那儿缺了一块，这就是靠假眼逃过了捕食者。矍眼蝶同样如此，停下来后经常合着双翅，让眼斑都展示出来。另外，它的翅是灰褐色的，上面有密集的深色花纹，所以它能在草丛的泥土

早季型

湿季型

枯枝落叶间很好地隐藏自己。

　　科学家们研究发现，眼斑形成在蝴蝶化蛹时。蝴蝶的蛹虽然不吃不喝，一动不动，但里面的身体却发生着很大的变化，各器官都在重组生长。外界环境对眼斑的形成有很大影响，如果气候温暖潮湿，眼斑会大而明显，如果气候干燥寒冷，眼斑就会变小甚至消失，前者称为湿季型，后者称为旱季型。就广州而言，秋冬季节见到的矍眼蝶大多是旱季型，而春夏见到的则多是湿季型。两者除了眼斑有不同外，旱季型的蝴蝶颜色一般比湿季型的要浅一些。

　　矍眼蝶以淡竹叶等路边野草为食，食谱广，寄主又容易找到，是饲养和供观察的理想蝶种。

（杨骏）

雌矍眼蝶　　　　　　　　　　　　　　　　雄矍眼蝶

观察思考

你知道矍眼蝶的眼斑有什么用处吗？

清除障碍

——白蚬蝶

拉丁学名: *Stiboges nymphidia* Butler

习　　性: 访花，林下活动，一年多代

分　　布: 华南、西南各省区，东南亚数国

　　在许多低海拔的山区，不时会见到一种身体及双翅均为白色，双翅外缘黑色的小型蝴蝶，它们停下的时候，双翅总是呈半张开状，活像一只河蚬。与其他各类的蝴蝶不一样，它们的双翅永远不会完全拼合在一起，这就是人们并不太熟悉的一种蝴蝶——白蚬蝶。

　　认真观察，你会发现白蚬蝶的双翅正反面斑纹都是对应的，只是颜色上会有一点差异，双翅反面的颜色相对会浅一些。白蚬蝶的飞行速度并不算太快，它们总在灌木丛上短距离地飞行，并在叶面上快速奔跑，让人捉摸不定。一旦受到惊吓，它们就会

迅速地跑到叶子底下，一动不动，等它们觉得不再有危险之后，才会再次回到叶面上活动，就像在与别人玩捉迷藏游戏一般。

白蚬蝶的卵不大，直径仅为 0.5 毫米左右，外形就像一个淡黄色半透明的窝窝头。白蚬蝶幼虫的寄主是紫金牛科的虎舌红，这种植物的叶子上长有密集的绒毛，这给白蚬蝶的进食与活动带来了一些不便。但这难不倒白蚬蝶的幼虫，如果你把叶子与幼虫放在盒子里饲养，你会发现在叶子的下方会出现一堆被咬断的绒毛——白蚬蝶的幼虫会先把叶子上的绒毛咬断，这样就方便它们在叶子上爬行和进食。它们的这种行为在其他蝶种的幼虫身上还从没发现过，所以显得特别而有趣。白蚬蝶幼虫生长到最后，它们的背面会出现许多黄黑相间的

斑纹，并且还会长出许多短刚毛，活像长满毛刺的刺蛾幼虫，让人不敢去触碰它们，但实际上它们是没有毒的，只是利用模拟刺蛾幼虫的样貌这种手段来保护自己。白蚬蝶的蛹是半透明的绿色缢蛹，它们一般会在寄主的叶子底下化蛹。

白蚬蝶是单属单种的蚬蝶，这在全球蚬蝶科中也是为数不多的现象。蚬蝶科的分布中心在南美洲，蝶种多达一千多种。然而在我国分布的种类并不多，只有不到 30 种。目前国内昆虫学界对蚬蝶的了解还仅仅处于初级阶段，希望有兴趣的同学可以更多地观察了解它们，共同关注这一类奇特的蝶种。

（陈锡昌）

观察思考

白蚬蝶幼虫为什么要把叶子上的绒毛咬断？它们又为什么会被称为蚬蝶？

"叶片"幼虫
—— 波蚬蝶

拉丁学名: *Zemeros flegyas*
(Cramer)

习　　性: 访花，飞行迅速，
一年多代

分　　布: 长江以南各省区，
东南亚各国

　　"蚬"是河蚌类软体动物的俗称。带贝壳的河蚌怎么会和蝴蝶扯上关系呢？原来这和蚬蝶的形态有关。

　　一般蝴蝶停着的时候，翅膀要么平展张开，要么竖起合上，而蚬蝶的翅膀既不张开也不合上，而是半张开着，就像水中生长的河蚌半开着贝壳让水流入那样，蚬蝶因此得名。

　　蚬蝶的个体都不大，和灰蝶的大小相近，不过半张翅膀的形态和翅正反颜色花纹相同的两个特点，让我们易于将它和灰蝶区分开来。

　　波蚬蝶在广州很常见，即使冬季也能见

到零星的个体。它的寄主是鲫鱼胆，但这种植物和鲫鱼没有关系，之所以叫这个名字是因为它药用时的味道像鱼胆那样苦。波蚬蝶会把卵产在叶子背面。卵像鸡蛋那样一端尖一端圆，尖端向上。浅绿色半透明的卵，和叶子的颜色很相近，并且很小，只有0.5毫米左右。不过要找它还是有办法的，只要寻找叶子中的反光点就可以了，因为卵折射出的光线和叶子的不同。这也是寻找其他细小蝶卵的一个方法。如果用放大镜或显微镜仔细观察，可以看到卵中间有一圈细毛，这是波蚬蝶卵很独特的一个地方。

波蚬蝶的幼虫也有独到之处。其他蝴蝶的幼虫基本都是圆柱形的，一看就是虫子的样子，而波蚬蝶的幼虫是扁扁的叶片状，根本不像虫子，而像一片小叶子贴在寄主的叶子下。这种伪装可以让它有效躲避捕食者。幼虫的胸部向前延伸，将头部完全遮盖，头部则躲在下面啃食叶子，正因为如此，波蚬蝶进食时不像其他蝴蝶那样，从叶子边缘开始啃食，而是从叶子中间开始啃食。它寄主的叶子会被吃出一个个小洞。如果你看到寄主叶子上有些小洞，便可以翻过来看看有没有幼虫。波蚬蝶蛹的样子也像其幼虫那样扁扁的，它们通常化蛹在寄主叶子底下。

一般来说，同类的蝴蝶会以相近的植物为食，但或多或少都有例外。而蚬蝶科的蝴蝶都以紫金牛科植物为食，无一例外。这种类群寄主高度专一的特性，为研究蝴蝶与其寄主共同进化提供了依据。

（杨骏）

观察思考

在野外如何寻找波蚬蝶的幼虫呢？

食肉蝴蝶

—— 蚜灰蝶

拉丁学名：*Taraka hamada* (Druce)

习　　性：访花，翻飞迅速，一年多代

分　　布：长江以南各省区，东南亚各国

绝大多数蝴蝶的幼虫是以植物为食，主要取食植物的茎、叶、花、果各部分，可以说是纯粹的素食主义者。通过大量获取食物，它们就能尽快完成身体的转变，从卵变为幼虫，再由幼虫变为蛹，最终蛹再羽化为成虫，继续繁衍下一代。

然而事无绝对，在蝴蝶的世界中，竟然也存在着肉食主义者，甚至是十分出色的"大胃王"。有一些种类的蝴蝶幼虫，当所吃的植物开始出现"货源短缺"的时候，同类间就会出现以大欺小，大的吃掉小的，又或者是找到同类的蛹把其啃食掉的现象。但这还算不上真正的肉食者，更无法与从小到大都只吃肉的蚜灰蝶相比。

蚜灰蝶成虫最明显的特点，就是翅的反面灰白色，并散布着许多黑色点状斑，缘毛较长，并具有黑缘线。在野外，我们经常会观察到它的雌蝶在竹林间或芒草间穿梭飞行，或者在叶子背面驻足停留。这是因为只有这样做，雌蝶才可能找到所需的寄主——扁蚜（扁蚜就喜欢在叶片背面吸食植物的汁液）。蚜灰蝶雌蝶直接将卵产在众多扁蚜的身旁。蚜灰蝶幼虫刚从卵中孵出没多久，就能主动攻击体形比较小的扁蚜，嚼食扁蚜以补充营养和能量。根据资料统计，一龄幼虫一天的捕食量就达到90多只。而到了幼虫老熟的时候，吃掉成千只的扁蚜是绝对没有问题的。化蛹之前，仅一条蚜灰蝶幼虫就能将自己所栖叶片上的扁蚜消灭得一干二净。所以如果叶片上的扁蚜数量稀少，是不会受到将要产卵的雌蝶的青睐的。这里还有一个问题，扁蚜有许多蚂蚁做"守卫"，蚜灰蝶幼虫又是如何蒙骗蚂蚁的眼

睛，吃上美味大餐的呢？其实蚜灰蝶幼虫的"秘密武器"就是它身体的气味，这种气味让蚂蚁感觉不到威胁的存在，从而使蚜灰蝶幼虫的"取食之路"变得畅通无阻。蚜灰蝶幼虫的模样长得很像毒蛾幼虫，让人生恶，但却从来不会引起蚂蚁的反感。

由于扁蚜一直被视为农业害虫，蚜灰蝶又天生是扁蚜的克星，因此蚜灰蝶被人们冠以"益虫"的美誉。但不管人们给蚜灰蝶怎样的称号，蚜灰蝶还是蚜灰蝶，它们仍然会以它们的方式继续生存下去。

（刘广）

观察思考

除了蚜灰蝶的幼虫是肉食主义者外，还有没有其他蝴蝶也是肉食主义者？

守时"黑侠"

——窗斑大弄蝶

拉丁学名：*Capila translucida*
Leech

习　　性：访花，林下活动，
　　　　　一年一代

分　　布：江西、广东、海南等省区，
　　　　　东南亚数国

　　1994年4月下旬，我们一行人到南岭进行春季蝴蝶考察。5月2日，考察队伍的其他人返回广州，只留下了我与另外一人，当晚我们发现了一种通体与双翅呈黑色，前后翅均具有多个透明纵斑的大型弄蝶，它们陆续出现在走廊的白炽灯下，一只、两只、三只……它们好像被什么人通知来聚会一样，准时出现在我们眼前，它们就是一年只发生一个世代的窗斑大弄蝶。

窗斑大弄蝶雌蝶异型，雌蝶的双翅并没有透明纵斑，而是在前翅近顶角处有一道白色的宽斜带。直至1995年5月初，我们才第一次见到了窗斑大弄蝶的雌蝶。记得刚开始的时候我还以为它是另外一种大弄蝶，直至见到它和雄蝶在一起交尾时，才确定这两个形态相差甚远的弄蝶竟然是同一物种的雌雄个体。

窗斑大弄蝶的寄主是樟科的香樟、黄樟、阴香等樟属植物，它们会在寄主植物的叶面上产下一个半球形的蝶卵，而蝶卵的表面则沾满了扁带状柔毛。四五天后，小幼虫孵化出来，它们的头部呈黑色，身体则呈红色，喜欢吃老叶而非嫩叶，再经过近一个月的进食和生长，它们才开始蜕皮。在幼虫生长到中等大小时，它们身体的两侧开始出现黄色的斑纹，这种斑纹会一直伴随着它们直至最终成熟。窗斑大弄蝶整个幼虫期长达十个多月，其中包括近三个月的冬眠期，到第二年的3月末，窗斑大弄蝶的幼虫已生长成熟，开始陆续蜕皮化蛹。它们会把附近的几片叶子吐丝联结到一起，自己则钻进由几片叶子构成的空间里化为缀蛹。一天过后，蛹的表面还会分泌出一层白色的蜡粉，这层蜡粉把蛹包裹起来，再过一个月，它们便开始羽化为新一代的成虫，继续繁衍它们的下一代。

与窗斑大弄蝶近似的，还有斜带大弄蝶、毛刷大弄蝶、峨眉大弄蝶、微点大弄蝶等多种大弄蝶属的蝶种，它们共同组成了大弄蝶属这个家族。它们在形态上有相似的地方，但也各有特征，只要认真观察，并不难分辨它们。然而，到目前为止，除了窗斑大弄蝶外，我们还无法清楚了解其他大弄蝶成员各自的生活史，还需要做更进一步的观察研究。

（陈锡昌）

斜带大弄蝶

峨眉大弄蝶

观察思考

窗斑大弄蝶的蛹为什么要分泌蜡粉把自己包裹起来？这对它们有什么重要的意义？

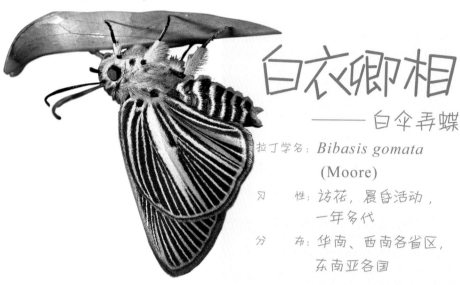

白衣卿相

——白伞弄蝶

拉丁学名：*Bibasis gomata* (Moore)

习　　性：访花，晨昏活动，一年多代

分　　布：华南、西南各省区，东南亚各国

在城市近郊或是郊野的公园里，有一种名不见经传的大型弄蝶。它非常神秘，不爱访花，晨昏时才出来活动，因此人们并不能经常见到它，它就是白伞弄蝶。它的两翅正面黑色，反面翅脉纹白色，并具有众多放射排列的蓝褐色纵纹，头部、胸部覆有许多的橙色长绒毛。一般情况下，你是没有机会见到它的翅膀正面的，因为它平时喜欢竖着翅膀休息。

见到白伞弄蝶幼虫的机会绝对有很多。雌蝶会把卵群产在嫩叶的背面，通常一片叶子上有十几粒卵，卵是淡黄色、有棱的半球形。因为群产，所以孵出来的幼虫会聚集在一起，它

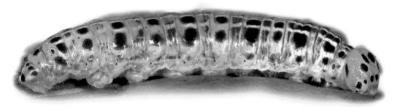

们大嚼叶片的表皮，把整片叶折腾得很难看。脏兮兮的幼虫混在难看的叶片中，即使被人们发现了，也只会被认为是蛾的幼虫。待到了二龄，幼虫们才解散，它们会各自寻找一片叶来做巢。它们通常会将叶尖的半个角向上卷起，让叶子看起来像是一块小比萨饼。幼虫最喜爱的寄主有鸭脚木、昆士兰伞树、斑叶鹅掌藤，这些植物的掌状复叶宽大，包含的小叶多，非常适合幼虫容身。复叶上的每片小叶拥有一个叶巢，这是常有的事。若是没能找到这些大叶片的植物，三加皮、常春藤的叶子也能容身。你要是好奇地打开一个叶巢，幼虫就会马上吐出绿水，装死给你看，这时它身上铺满黑白黄三色斑纹，颇能唬人。待到准备化蛹时，幼虫喜欢远离寄主，寻找宽大的叶片做巢隐藏自己，当它的身体萎缩近一半后，活动力也会明显下降。变为成蛹后它身上仍然会有黑白

黄三色,蛹的背上、两侧、尾端都有丝与叶片相连。

　　白伞弄蝶在广州是非常常见的种类,幼虫也不难寻找。而之所以能令日本及我国台湾的蝶类爱好者视之如宝,那是因为这两地都不产此蝶。日本五十岚迈的《亚洲蝴蝶生活史图鉴》一书,非常少有地用了三页纸的篇幅来描述白伞弄蝶的生活习性和生活史。我国台湾偶尔能发现几只白伞弄蝶,我相信那也是从大陆飞去的迷蝶,因为在那里,人们从来没有找到过它的卵和幼虫。

(刘广)

观察思考

　　其实每种蝴蝶都会由于气候和寄主不同等因素而有着自己特定的分布区域,离开了这片区域就难以寻找了。想一想,除了白伞弄蝶外,你还知道哪些蝴蝶也是这样的?

嗜臭的蝴蝶

当你走进坐落在山间的小茅厕，
不经意间突然冲出来几只飞行迅速的蝴蝶，
你可能会感到奇怪，
蝴蝶不是喜欢访花吸蜜吗，
怎么会出现在这臭气熏天的小茅厕里？
其实这是再正常不过的现象了。
在蝴蝶当中，
的确有那么几种蝴蝶特别喜欢吸食动物的粪便，
它们主要是蛱蝶科尾蛱蝶属、
螯蛱蝶属及少数眼蝶科黛眼蝶属的成员。

真假难辨

——连纹黛眼蝶

拉丁学名: *Lethe syrcis*
(Hewsitson)

习　　性: 吸粪，吸树汁，飞行迅速，
一年两代

分　　布: 长江以南各省区，
东南亚各国

也许你会问，为什么有的蝴蝶双翅上会长有那么多的眼斑？这些眼斑对它们的生存会有什么意义吗？人类对这些蝴蝶双翅上的眼斑是否已经做过什么研究并得到了什么结果？那么，请让我与你们共同探讨这个有趣的问题吧！

眼蝶科是蝴蝶当中的一个大家族，它们的成员众多，其中绝大多数种类双翅的正反面或多或少都长有大小不一的眼斑。这些眼斑会给捕食它们的天敌带来不少的困惑，例如吃虫的小鸟捕食眼蝶时，会错误地把长有眼斑的双翅当作是头部去攻击，而不去攻击眼蝶真正的头

部和身体，这样就使眼蝶有了一个逃生的机会，它们可以选择放弃这一小块带眼斑的翅膀，从而躲过小鸟的捕食。而对于小型螳螂这类捕食者，眼蝶会利用这些眼斑吓唬它们，让这些小型天敌以为是比自己大的动物在盯着自己而不敢轻举妄动。这种真假难辨的眼斑，可以说是眼蝶们用于自救的最有效的防御武器。

连纹黛眼蝶是众多具备眼斑的眼蝶科成员中的一员。它们通体及双翅均为黄褐色，前翅的正反面都没有眼斑，后翅反面的外缘则具有数个较大的眼斑。它们以竹子的叶片为寄主，雌蝶会在竹叶的反面单独产下一个一个的蝶卵，这些蝶卵呈黄白色、半透明，直径约为1毫米，表面更具有许多不规则的蜂窝形刻纹。四五天后，蝶卵便孵化出黄白色的小幼虫，随着幼虫不断长大，它们的身体转为绿色，头顶也渐渐长出了并在一起的双角。当它们成熟后，便会在竹叶的底下化为一个绿色或黄褐色的悬蛹。十多天以后，这些悬蛹便开始羽化出新一代的成虫，继续繁衍它们的下一代。

白带黛眼蝶

与连纹黛眼蝶相似的蝶种还有许多，单在我国就有三十多种，它们共同组成了黛眼蝶属这个大家族，形态上它们有着许多相似之处，但又各自具有自己独特的形态特征。而且，这些不同种类的黛眼蝶在发生规律和行为习性上也各具特色，如果你认真观察，还是能够把它们逐一分辨出来的。

（陈锡昌）

深山黛眼蝶　　　　连纹黛眼蝶　　　　宽带黛眼蝶

观察思考

眼蝶的眼斑是怎样形成的？为什么不同的季节里，这些眼斑会发生明显的大小变化？

龙头奇幼

——二尾蛱蝶

拉丁学名：*Polyura narcaea*
(Hewitson)

习　　性：吸粪，吸水，飞行迅速，
　　　　　一年两代

分　　布：黄河以南各省区，
　　　　　亚洲数国

在粤北至黄河以南的广大地区的山野间，经常能看到一种飞行迅速的蛱蝶，它们有着粗壮的胸部和淡绿色且略呈半透明的双翅，在这双翅的外缘则有两道褐黑色的双重宽边，而最为突出的是它们的后翅外缘各有两个小小的尾突，它们就是有名的二尾蛱蝶。

二尾蛱蝶有一个让人很不喜欢的嗜好，它们最喜欢的食物竟然是各种动物的粪便。二尾蛱蝶时常在这种让人厌恶的场景中出现，更有甚者，还会飞进山间的茅厕里。但是无论如何，它们的美丽还是会让人投去羡慕的眼光，每当遇到这样的场景，你的内心是不是

二尾蛱蝶

207

总会感到非常矛盾与不舍呢？

二尾蛱蝶的寄主有不少，其中山合欢、藤黄檀等都是它们幼虫的寄主植物，春夏季节，雌蝶会在寄主植物的叶子正面单独产下一个直径约2毫米、顶部平截像小鼓一样的黄色蝶卵。有趣的是从第三天开始，这个黄色的蝶卵就会出现一些褐色的斑纹，到了第五天，卵壳变成透明状，明显能看到里面的小幼虫及其深褐色的头部。当幼虫咬破卵壳孵化出来时，它们头顶上的四只角便慢慢伸展开来了，形态非常特别。几天后，当它们长大了一点，开始蜕皮进入下一个龄期时，头上的颜色也开始由深褐色渐渐转变为绿色。随着幼虫一次次蜕皮长大，它们的头部和全身都变成了绿色，四只小角也长得更长、更威武，仿佛传说中的苍龙一般。当幼虫受到惊吓时，它们会把头突然抬起来，甚至还会左右摇摆，以此吓退天敌。幼虫生长成熟后，它

们便会最后一次蜕皮化蛹，二尾蛱蝶的蛹是绿色的悬蛹，蛹的表面还有深浅不一的纵纹，外形就像是一个小小的香瓜。

和二尾蛱蝶相似的还有窄斑凤尾蛱蝶、大二尾蛱蝶、忘忧尾蛱蝶、针尾蛱蝶以及凤尾蛱蝶等数个蝶种，它们同为尾蛱蝶属的成员，外形上有很多相似之处，但也有各自独有的斑纹特征。它们的幼虫也非常相似，头上都长有四个角，但身上的斑纹则各具特色，你只要看清它们身上的斑纹，就可以区别出不同种类的尾蛱蝶幼虫了。

（陈锡昌）

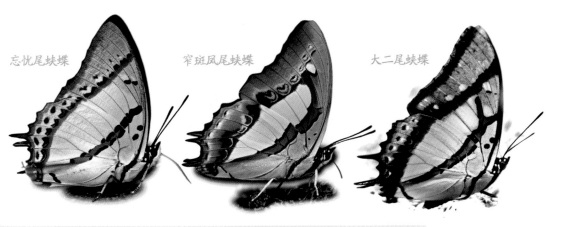

忘忧尾蛱蝶　　　　窄斑凤尾蛱蝶　　　　大二尾蛱蝶

观察思考
　　二尾蛱蝶幼虫的头部为什么要长出四只角？这种形态会给它们带来什么好处呢？

嗜"重口味"

——白带螯蛱蝶

拉丁学名：*Charaxes bernardus*
(Fabricius)

习　　性：吸腐果树汁，飞行迅
速，一年多代

分　　布：长江以南各省区，
东南亚各国

雄白带螯蛱蝶

　　白带螯蛱蝶也是一种侵入性很强的蝶种，有青凤蝶幼虫的树上往往就有它的踪影。它与青凤蝶总能相安无事，因为白带螯蛱蝶幼虫喜欢吃老叶，青凤蝶幼虫则喜欢吃嫩叶。

　　白带螯蛱蝶成虫翅膀正面红棕色或黄褐色，反面棕褐色。雄蝶前翅中域有白色带，后翅亚外缘有黑带，中域前半部分也有白色宽带。野外还有一种螯蛱蝶与之相似，只是翅正面少了白带，翅反面中线内侧有许多细黑线。这两种蝶皆为中大型蝶种，嗜好相同，嗜"重口味"。

它们不爱访花吸蜜，倒是喜欢寻访路边的动物粪便，一有机会它们就伏在粪便上吸食，享受大餐。由于翅的颜色与泥土、粪便相近，所以只要它不动的话，还真不容易分辨出来。更有甚者，还会大胆凑到路人的衣裤或裸露的皮肤上吸取汗液，转换一下口味。不知情的路人倒不要紧，但如果是刚刚见到它们大餐那幕的人，肯定已在躲闪逃避了。

与成虫相比，幼虫算是讲卫生的了。白带螯蛱蝶幼虫的主食是樟科、芸香科植物的叶片，如樟、阴香、潺槁、降真香等等，偶尔也会见到它们吃木兰科植物，如白兰。幼虫从孵出卵壳的那一刻起，头上就长有犄角。待长大到末龄以后，它全身青绿色，背部正中有黄白色大斑块（这斑

块有时会是紫红色），当然最醒目的还是它头上那四叉状的紫红色犄角。犄角上除了有齿，还布满了白色疣突，恰似龙头一般，看起来简直就是一条小青龙，绝对是高端大气的吉祥之物。由于幼虫喜欢吃老叶，所以生长的速度比

较慢。以至于冬天来了它也不会像青凤蝶那样匆忙化蛹过冬，而是仍然慢悠悠地品味植物叶片。准备化蛹之前，幼虫身体变透明状，这才紧张地到处爬行找地方，寻找合适的枝条或叶片，最后化成翠绿色的蛹，蛹的末端还有六个黄色凸起，模仿植物的花芽或叶芽。

（刘广）

观察思考

    根据已有的观察，白带螯蛱蝶的幼虫若是以樟科植物为食的话，将来羽化出的成虫必有白带；但若是以芸香科植物为食的话，将来羽化出的成虫则没有白带。你们是否相信呢？如果不信的话，想一想怎样去验证。

212

蝴蝶在哪里?

看了前面各种蝴蝶的故事,你是不是也想亲自去野外观察一番,发现一些别人没观察到的蝴蝶故事呢?但是,你有没有发现蝴蝶并不容易见到,就是见到了,它们都是飞个不停,根本没有机会让我们认真仔细地观察呢?那么,到底应该去哪里才有机会近距离地观察各种蝴蝶呢?

1. 鲜花丛中:这是最容易观察到各种蝴蝶的地方,花朵的开放,就是为了让蜜蜂、蝴蝶等昆虫帮助它们传授花粉,以便更好地结果实长种子繁殖后代。

2. 溪边沙地:不少蝴蝶在夏天都需要补充大量的水分,一是可以利用水来降低燥热的体温,二是可以充分利用水中的无机盐,以补充它们对盐分的需求。

3. 树干创口:大树干上的创口多数是天牛幼虫的杰作,它们在树干上钻洞取食,并在树洞中留下大量的粪便,经过多日的发酵,这些树洞就是流出带酒味的发酵树汁,这最容易吸引一些蛱蝶、环蝶和眼蝶前来吸食。

4. 树叶表面:不少种类的蝴蝶休息时,或者雄蝶在等候过路的雌蝶时,它们很多都会选择停在路边各种植物的叶子上,这也是最容易发现蝴蝶的地方。

5. 林下阴处:这里是很多环蝶、眼蝶喜欢栖息的地方,当我们不经意地走近它们时,往往会惊飞起成群的蝴蝶,这时,只要在原地等候,它们往往会返回原地。

6. 厨厕旁边:人类生活的地方往往会排出一些盐分,这也是蝴蝶最需要的无机盐,因此,在厨厕旁边的潮湿地表,往往也经常能见到各种蝴蝶在吸食。

7. 腐烂果实:一些腐烂的果实,经过发酵以后,往往会流出一些带有酒味和甜味的果汁,这是蝴蝶最喜欢吸食的,因此有腐烂水果的地方也能发现不少蝴蝶。

8. 动物粪便:有些种类的蝴蝶,它们特别喜欢动物的粪便,因此,在有动物粪便的地方,往往也能发现成群吸食的蛱蝶、环蝶、眼蝶。

9. 腐烂尸体:夏天的路边,往往会有一些被汽车压死的小动物,时间长了,这些动物腐烂后流出的液体,也是一些蝴蝶的美味。

所以,让我们出发,走进这美丽的大自然,多留意其中各种不同的环境,就会有所发现,有所收获。